# 高速公路服务区环境设计

尹 晶 著

中国建材工业出版社

**图书在版编目（CIP）数据**

高速公路服务区环境设计/尹晶著. —北京：中国建材工业出版社，2013.8
ISBN 978-7-5160-0562-0

Ⅰ.①高… Ⅱ.①尹… Ⅲ.①高速公路-服务建筑-建筑设计-环境设计 Ⅳ.①TU248

中国版本图书馆CIP数据核字（2013）第195460号

**高速公路服务区环境设计**
尹 晶 著

出版发行：中国建材工业出版社
地 址：北京市西城区车公庄大街6号
邮 编：100044
经 销：全国各地新华书店
印 刷：北京雁林吉兆印刷有限公司
开 本：710mm×1000mm 1/16
印 张：15.5
字 数：290千字
版 次：2013年8月第1版
印 次：2013年8月第1次
**定 价：49.80元**

---

**本社网址：www.jccbs.com.cn**
**本书如出现印装质量问题，由我社营销部负责调换。联系电话：(010)88386906**

# 前　言

随着高速公路网的快速发展，服务区在公路运输中的地位也越来越突出，服务区的建设及开发利用越来越受到人们的重视。服务区在整个高速路网体系中的分布、服务区的规模，以及建设水平很大程度上体现了一个地区高速公路网体系的整体服务水平和保障能力。服务区的环境设计在服务区建设中是关键，是衡量地区高速公路建设水平的重要标志。

目前，我国高速公路服务区建设项目从设计到最终全部建成要经过规划设计、建筑设计、室内设计、景观设计等过程，还要经历环境设施设计、导向系统设计等，虽然这些单项工程之间有一定的内在联系，但是由于学科、专业的不同，在设计的内在行为和内在关系上，各个设计环节都是相对独立、单体化进行的，各个不同专业的设计单位独立地去完成各自不同的专业设计，建筑设计院去完成建筑设计，装饰公司去完成室内设计，景观绿化由园林设计单位去完成，导向系统则由广告公司去完成。它们各自因为社会分工的惯性思维不同，在理论上和方法上没有一个系统体系来指导，没有系统的设计行为，造成项目的设计全局性考虑不周，整体性不强，科学的内在联系不够，各单体设计都不能得到最大限度的统一和优化，造成设计资源、物质资源、人力资源等的浪费。

环境设计则可以解决这些问题。环境设计是在科学技术、商业经济、文化艺术等全面发展的基础上逐步发展起来的一门新兴学科，环境设计在提高生活质量、美化环境，促进建筑、交通以及经济、商业现代化等方面，发挥着越来越重要的作用。环境设计的外在特征是从系统的整体性出发，跨学科合作、跨专业结合，内在行为则是打破传统的单体设计，把建设项目中的规划设计、建筑设计、室内设计、景观设计、环境设施设计、视觉传达等专业设计进行统一、科学、系统性“整合”，它的核心是注重系统中的各部分之间的内在联系和相互作用，精确处理部分与整体之间的辩证关系，科学地把握设计的系统性，达到项目设计的整体优化。将环境设计引入高速公路服务区设计，不仅是一个全新的设计理念和设计方法，更是一个服务区整体设计体系，对提高服务区设计质量，增强服务区市场竞争力，对优化服务区的设计市场，节约资源，满足社会发展的需求等方面都起到了积极的作用，服务区环境设计在不远的将来会成为高速公路服务区设计发展的新方向。

目前在我国高速公路服务区设计中，还没有比较完善的高速公路服务区环境系统的设计，本书结合本人多年的相关的服务区课题研究、建筑设计实践和环境设计教学，为了满足高速公路服务区环境系统设计而著。本书的出版对于服务区全面系统的设计观念和方法有一定的实用价值。

本书首先确立服务区整体设计理念，即大系统设计思想定位，然后对服务区场地规划设计、建筑设计、室内设计、景观设计、绿化设计、环境设施设计等各个单体项目的设计理念和思想分解确立，即子系统的设计思想和理念定位，最后按照环境系统设计规律逐步进行论述。本书以可持续发展为依据，坚持理论和实际相结合、国内国外相结合、目前与将来相结合的原则，遵循交通环境设计的基本规律，以服务区设计为主体，集服务区设计的新观念、新理论、新技术、新材料、新工艺、新成果为一体，关注高速公路服务区规划设计、建筑设计、室内设计、景观设计、绿化设计、公共艺术设计、园林景观设计、环境设施设计之间综合性、交叉性应用的特点，分别对高速公路服务区环境设计的相关概念、发展简史、原则、方法、设计程序、设计内容和设计要点等进行了较为详细的阐述。

本书可作为建筑、交通、环境、装饰、施工、管理等相关专业人员的参考资料，也可以作为设计教学中相关专业的理论和实践教材。此外，本书还可以作为企事业单位岗位培训教材和有关人员的自学用书。

作　者

2013年8月

# 目　　录

中国建材工业出版社
China Building Materials Press

# 第1章　高速公路服务区环境设计的概述

高速公路服务区设计是建筑设计中比较特殊的一部分。一方面，它是属于高速公路的配套设施，与高速公路的建设有着密不可分的关系；另一方面，就服务区本身而言，它又是属于民用建筑设计部分。因此，高速公路服务区具有双重特性。也正因为如此，长期以来对服务区的建设忽视了后一方面的功能，从而导致了服务区建筑现状较差。本章首先从时间上、空间上多方位地分析高速公路服务区现状，并结合国内外高速公路服务区的设计理论，从服务区功能、建筑风格以及环境景观等方面论述与服务区环境设计相关的内容。

## 1.1　高速公路服务区的基本含义

我国高速公路采用全封闭、全立交的管理原则，严格控制出入，因此车辆驶入高速公路后，除在互通式立交处允许上下外，基本上与外界隔离，具有高效、安全、节时、舒适的优越性。高速公路服务区指除去主线行车道部分，从变速车道的宽度缓和段入口到宽度缓和段出口处的整个休息设施范围。按照服务区规模、服务内容的大小、休息设施多少，可以将服务区分为中心服务区（综合服务区、大服务区）、小服务区和停车区，服务区的服务内容是与其规模大小相匹配的。

1. 中心服务区

中心服务区又被称为大服务区、综合服务区，是指能完全满足人和车需要的服务休息设施，能为道路使用者及车辆提供多方面的服务，包括休息、停车和辅助设施三部分，除有供水、供电、道路和绿化外，主要有餐饮、住宿、超市、休息娱乐厅、公共卫生间、停车场（可容纳100~200辆客、货车）以及车辆检修、汽车修理站，设备配有不解体检测设备（一般商品和汽车零配件）、通信、医疗等设施，以及按消防、石化部门要求标准设计的污水处理站、垃圾站、加油站等。高速公路中心服务区在高速公路运营中起到了重要的行车保障作用，为过往的车辆和驾乘人员提供可以维修、休息、恢复精力的场所。

2. 小服务区

小服务区的设施从规模上和内容上都较简单适用，一般只有餐饮、超市、停车场（可容纳50~80辆客、货车）、加油站、通信、卫生间等，视需要可配备客房。

3. 停车区

停车区是指能满足驾驶员生理要求、解除紧张疲劳的最低限度的服务设施，也可供驾驶员自检车辆。它的数量、规模和在高速公路上的分布要根据道路使用者的生理、心理需求和机械性能的客观要求，并结合地理环境和道路景观而精心规划和设计。停车区主要设置停车场、园地、公共厕所和休息场地，也可设超市。加油站原则不在停车区内设置，如昼夜交通量超过4万辆，且服务区间隔大于50km，可根据其他特殊条件，按分期修建原则，在必要处增设加油站和简单的检修间，供车辆检查、整理货物用，停车场可供停放25～40辆客、货车。

4. 环境设计

又称“环境艺术设计”，经常以“环境艺术”或“环艺”来表达，包含的学科主要有建筑设计，室内设计、公共艺术设计、景观设计等，在内容上几乎包含了除平面和广告艺术设计之外其他所有的艺术设计。环境设计以建筑学为基础，有其独特的侧重点，与建筑学相比，环境设计更注重建筑的室内外环境艺术气氛的营造；与城市规划设计相比，环境设计则更注重规划细节的落实与完善；与园林设计相比，更注重局部与整体的关系。环境艺术设计是“艺术”与“技术”的有机结合体。

## 1.2 高速公路服务区环境设计理念

高速公路服务区建设不仅是高速公路网不可缺少的组成部分，而且是区域系统演化中的一个非常重要的动态因素。服务区建设一方面选址受公路路线的约束，往往占用人口聚居、地形较平坦的地段，造成农业用地挤占，实施以后将很难恢复农用；另一方面服务区不可避免地成为区域经济系统的构成要素，和地方经济发展形成互动关系。因此，在服务区建设和发展中，要处理好服务区规模、功能及用地布局和所在区域的发展关系，贯彻生态建设，使高速公路服务区不仅成为往来旅客的休息点，更成为集休息、购物、观光、文化娱乐为一体的综合旅游服务景点，拉动地方经济。

（1）以人为本、安全至上的理念

在服务区的规划设计中注重高速公路服务区安全性、舒适性、愉悦性的和谐统一，为人们提供最大限度的出行便利。“以人为本”，不断满足人们的出行需求和促进人的全面发展，在工程本身的细微之处，体现对人的关爱，体现人性化的服务。从高速公路服务区设计角度，重点消除服务区规划与设计本身引起的使用安全问题，如对高速公路服务区要进行合理的配置，注重内部交通组织及合理分区。

（2）人与自然和谐，保护环境的理念

我国幅员辽阔，土地资源丰富，设计应考虑当地的环境敏感度，对水源保护地、自然保护区、文物保护地等进行合理规划。服务区的位置选择及布设形式应充分利用沿线有特色的自然景观，通过借景将建筑融入自然环境中。规划和设计，结合地形，因地制宜，维护自然界“势”的延续，保持自然景观的完整性，降低工程建设对原始地形、地貌的自然性和稳定性的影响，减少对原生生态环境的破坏。服务区建筑物从体量、形式到颜色，都要融入到山水之中，与自然山水共同构成优美的整体环境，坚持最大限度的保护、最低程度的破坏、最强有力的恢复，使服务区建设顺应自然、融入自然。

（3）可持续发展、节约资源的理念

随着我国高速公路建设的高速发展，服务区的建设运用节能技术实现可持续发展将对缓解高速公路沿线自然资源紧缺，保护生态自然环境起到重大的推进作用，也将对建筑节能、实现绿色建筑普及起到示范作用。“绿色服务区”将有望在将来成为所在地区的生态建筑范本。

（4）具有拉动地方经济发展的意识

高速公路是“快富大道”，要通过服务区规模经营拉动地方经济发展。因此，在点位选择上，要尽量靠近城镇和城市的经济开发区，通过服务区大型超市拥有人流、信息流等优势，带动地方物流发展和资源整合。随着私人车辆拥有量的迅猛增长，人们到超市集中购物的需求日趋强烈。因此，服务区结构设计要充分引进市场意识，可将服务区设置在人口密集区，提供大型超市式服务场所和多功能的餐饮服务场所吸引车流、人流，做到社会效益与经济效益的双赢。同时服务区的设置地点应尽量结合地方交通干道，变封闭经营为开放经营，使服务区成为高速公路经营公司的市场窗口。

（5）合理性、开放性理念

开放性理念就是通过设计各种开放的空间使使用者具有多样的交往、游憩的空间，使使用者可以进行集会、购物、观赏、娱乐等活动，并使整个服务区成为为广大民众服务的开放空间；随着服务区服务项目越来越与社会接轨，设置在人口密集的大中城市周围的服务区，要多方拓展经营开发空间，结合地方交通干道，变封闭经营为开放式经营，实行开放式服务，如餐饮、超市和汽修等都要改变只针对高速公路司乘人员的模式，要面向社会；中国已经加入 WTO，全方位、多层次、宽领域的对外开放需要服务区的设计与国际接轨，服务区的设施要充分考虑到国内外旅客不同的服务需求，做到在标识上与国际接轨，服务项目设计上要考虑不同肤色、不同语种人群的不同需求，提供现代化的通讯、信息发布和功能完善的商业服务。

（6）信息智能化的服务区设计理念

高速公路形成了网络，要发挥最大的社会效益，最终手段就是靠交通信息化，只有信息化才能使之智能化，人、车、路融为一体，以智能化来使使用者达到舒适、安全和高效，无论何时何地均能获取任何信息，适应人的需求，推动经济的良性发展。交通信息化在硬件（服务环境设施、监控、通信、气象传感及附属设施等）规模上和软件（管理观念和管理手段）上都将发生深刻的变化。

（7）服务区科学规划理念

高速公路连网后车流量递增速度快，设计服务区规模应考虑未来10～15年的发展前景，一次设计分期实施，在使用中不断完善。高速公路服务区采用单向服务，服务区功能设计应追求旅客对休息所、卫生间、加油站设计、休闲广场等中心设施的方便使用以及管理的效率性，在规划设计阶段，做好工程可行性研究，精心勘察设计，使服务区必需的功能设施和地形地貌态势相融，既体现服务区设计的丰富性与多功能性，又充分利用自然景观，突出休闲区环境设计，创造能展现高速公路运动感和速度感的象征性建筑，并与周围环境及人文景观相兼容，体现地方文脉特征。

（8）富有创意性和设计创作的理念

伴随着交通现代化的不断推进，人们对服务区的品质要求已不只是满足建筑功能的需求，不仅仅局限于方便快捷，在景观、环保和生态等方面，都提出了更高的要求，要充分考虑服务区所在地的地域特色、人文环境和时代变迁等多方面影响，以一种优化的总体布局和建筑形式来满足使用者的要求。“灵活设计、创作设计”是达到“安全、环境优美、节约资源、质量优良、系统最优”的手段，是高速公路服务区设计新理念的精髓。服务区设计涉及地域文化、自然风光、民族风情、宗教信仰、文物古迹、民间工艺和历史人物等各个方面，为保护个性环境需要灵活设计，为展现环境个性需要精心创作。创作设计过程是一个以设计人员对环境个性的理解为基础，以对公路学、美学、生态学、建筑学、社会学、人类文化学、历史学、心理学、地域学和风俗学等学科的综合能力为条件，对服务区所处的自然和社会环境进行的一个再造或再融合的过程。

（9）功能多元化的服务区设计理念

服务区的基本功能主要包括餐饮、休息、加油、修理等，而多功能服务区将要打破这种单一功能的形式，以满足不同人群对于服务区的需求，促进服务区自身的发展。比如在地理环境优越、人流密集的地段，增加服务区度假休闲的功能，结合地域特色开发海滨浴场、狩猎场、高尔夫球场、摄影点等休闲娱乐项目，在文娱方面设有卡拉OK厅，举行歌舞、音乐会，并备有轻快乐器等（图

1-1)；在临海区域发展服务区作为海滨游乐的好去处；在历史文明遗存、文化古迹和风土人情浓厚的地段，利用服务区充分展示文物古迹、风俗习惯、文化艺术、学术成就等，促进服务区自身的发展，同时带动周边的经济发展（图 1-2）。服务区地处高速运输线上，承接车辆方便，一般占地大，具备货物堆存能力，发达的通信系统潜力巨大，服务区为开发物流信息服务业务提供了难得的机遇；在高速公路两侧服务区边缘设置公共汽车站，可以方便乘客起落。

图 1-1　台湾关西服务区丰富的休闲娱乐活动

图 1-2　西汉高速公路七亩坪服务区的“华厦龙脉”雕塑群

（10）全寿命周期设计的理念

在工程设计阶段，设计人员从全寿命周期最优的角度，对工程的使用性、可施工性、运行性、维护性和节能性，对环境的友好性及规模的可扩展性等给予全面考虑，将工程设计的目标、专业技术、工程子系统等全部设计要素综合集成，并运用全寿命周期的理论和方法进行整体优化，提出相应设计方案。服务区全寿命周期设计以科学发展观为总体指导，是绿色经济、循环经济和集成创新等思想的重要体现。

## 1.3 高速公路服务区环境设计的发展

我国高速公路始建于20世纪80年代末，90年代起进入高速建设阶段，这种强劲的发展态势方兴未艾。自1988年我国上海至嘉定第一条高速公路建成通车以来，中国的高速公路建设取得了举世瞩目的成就，并已得到了快速稳定的发展，而高速公路服务区（以下简称“服务区”）是伴随着高速公路应运而生的。2004年我国高速公路的总里程达到了3.43万km，位居世界第二，截至2011年底我国高速公路总里程达8.5万km[1]。

虽然我国高速公路建设飞速发展并取得了巨大成就，但我国高速公路的发展同世界发达国家还有一定的差距。我国高速公路面积密度和综合密度很低，面积密度只有日本的1/3、德国的1/6，综合密度只有美国的1/4、德国的1/5，到目前为止，我国所修建的高速公路仅满足了所需高速公路的30%。因此，无论从我国高速公路发展趋势上看，还是从高速公路需求上看，我国高速公路在今后相当长一段时期内，仍处于高速发展的建设期，而科学、合理、高效的服务区设计则是服务区建设的核心要素。

服务区设计作为高速公路辅助设施，没有引起人们足够的重视，最初只满足司乘人员加油、休息、如厕等基本功能，随着经济的发展、生活水平的提高，人们对服务区的要求也越来越高，对服务区设计的要求不仅限于规划、选点、场地等方面功能设计，还对服务区的室内外环境质量设计、公共设施以及绿色环保等提出了更高的要求，使服务区设计理念和设计质量有了很大提高。但是由于传统设计理念，建设项目中的规划、建筑、景观、环境设施、视觉传达、室内设计等专业设计作为单体设计单独委托，各专业相互之间的关联不足，使得服务区设计不尽完善。而服务区环境设计是新发展起来的一种设计思想和设计理念，是大系统设计思想，立足科学技术、商业经济、文化艺术全面发展，是一种全新的设计理念和设计方法。它从系统的整体性出发，跨学科合作、跨专业结合；打破单体设计界限，把建设项目中的规划、建筑、景观、环境设施、视觉传达、室内设计等专业设计进行统一、科学、系统性“整合”。服务区环境设计注重系统中的各部分之间的内在联系和相互作用，精确处理部分与整体之间的辩证关系，科学地

[1] 2011年底我国高速公路总里程达8.5万km，2011年新增1.1万km。资料来源http：//www.chinanews.com/gn/2011/12-31/3573689.shtml.

把握系统，达到整体优化。

## 1.4　高速公路服务区位置规划

### 1.4.1　服务区区址选择时考虑的问题

（1）选择自然环境优美、靠近旅游景区的点位

风景资源是最重要的选点条件，可以诱使司乘人员在感觉疲劳与困倦之前去休息，临近湖、河、海、山的地方，景色秀丽，易使人驻足，充分满足旅客休闲和旅游需要，既为旅客提供宜人的自然条件，又达到为旅游景区提供全方位服务、促进规模经济发展的目的，有利于吸引车流、人流和发展旅游经济（图 1-3）。在这些地点如不设服务区，还会招致路边停车观景而发生危险，因此即使有困难也应想方设法设置休息设施。

图 1-3　厦汕高速公路天福服务区引入优美的自然环境

（2）历史文化浓厚的点位

丰富的历史文明和文化遗存可以给服务区带来生机和活力，加之历史文化浓厚的地段自身可能已经是旅游点，因此其自身车流、人流量就比较大，这样就可使服务区的功能得到充分利用。因此服务区设计时应注入旅游景区的建筑元素，既能为旅游景区提供全方位的服务，达到发展旅游经济，促进规模经济发展的目的，又能为旅客提供宜人的自然条件，满足旅客休闲和旅游的需求（图 1-4）。

（3）特色产品丰富的点位

高速公路会穿越不同的区域，而不同地域又孕育了不同的土特产品，利用服务区宣传、展示土特产品，把服务区作为销售的窗口，不仅可以加快当地文化的传播和土特产品的流通，而且还可以通过服务区接受周边经济发达地区的带动，

图1-4　宁常高速公路金坛茅山服务区与著名的茅山道院相邻，设计中融入道教文化，依山傍水，景色极其优美

促进当地经济的发展，还可以利用高速公路来拓展服务区的业务（图1-5）。

图1-5　沪宁高速公路阳澄湖服务区结合当地盛产水产品的特点选址在湖畔

（4）考虑修建与管理的便利，选择靠近城市的点位

一是有利于服务区大型超市（超市）、饭店等资源的充分利用，二是有利于快速传播当地文化及加快土特产品的流通，起到快速沟通的促进作用，有利于当地外销产品的输出和最大利益的获取。

（5）满足交通技术条件，选择与地方公路相交的点位服务区的选择要配合主线线形，避免将其设置在主线的小半径曲线路段或陡坡路段内，以不影响服务区的视线，并使车辆顺利驶入、驶出为佳。服务区作为一个地区标志性的亮点工程，选择在一个四面不靠、八方不连的地点，服务区功能得不到充分利用，造成资源浪费，难以发挥经济“启动器”的作用；当地的土特产送达服务区也很困难，不仅不利于服务区自身的建设和发展，也难起到高速公路拉动沿线经济发展的重要作用。将服务区的点位选择在与地方公路相交的点位，有利于当地政府、企业、群众通过服务区的跳板作用，一方面接受经济发达区的辐射，另一方面也有利于高速公路产业经济的拓展，使服务区成为物流配送中心，以创造良好的经济效益。

（6）服务区选择在与收费站在一起的点位

服务区选择与收费站同址，既可减少征地过程中繁琐的手续，合理优化土地使用，节约建设资金；又可以通过集聚人气，带动相关物流发展，促进城镇市场形成。

### 1.4.2　选点一般步骤

高速公路服务区位置选择以全省高速公路网络规划为基础，确定主线，同时兼顾相邻或相交线路的走向，统盘决定服务区的概略位置，然后再综合考虑是否便于使用，是否满足交通技术条件，以及修建和管理的难易等。重点考虑能否便于拉动当地经济，尤其是对于发展相对滞后、二元产业结构较明显的地区，促使服务区成为当地经济发展的启动器。

高速公路服务区选择的位置不同，对工程建设费用、建成后的运营影响很大，因此必须进行选点论证。服务区区址的选择除综合考虑地形、地物、地理环境、间距等多种因素外，还需综合论证对工程建设费用、建成后的运营影响，考虑的重点主要是征地、供水、排污及供电施工是否容易等问题。对所确定的服务区，征地费用要尽可能少，且便于修建使用，如二者相容性差，应按交通流的性质决定主次，靠近大城市或重要风景处的服务区利用率较高，以位置为主，费用居次。一般服务区以低造价为主，规划设计时，还要考虑服务区地形，尽量降低土石方工程量。

服务区在营业管理上一般将上下线的服务区规划为一个整体，即服务区在路两侧成对布置，目的在于有效利用电源和供排水等设施。在选点时，优先考虑满足供给（供电、供水）和排水系统的地方。还应考虑职工上下班和物资供应的难易。另外，以备将来公路或服务区改扩建，服务区应选择有扩建余地的地点。

## 1.5　高速公路服务设施间隔选择

（1）考虑司乘人员的生理和心理需求，特别是缓解驾驶员的疲劳、紧张的生理多方面要求。

(2) 保证和便于车辆加油，司机在发现燃料即将耗尽仍可驶进服务区。

(3) 应根据预测的交通量、交通组成，合理地确定服务区的总体设置间距。考虑上路车辆的车种构成以及分车种的维护保养水平、故障率。

(4) 应考虑沿线的城市位置与规模，风景区位置及地形条件。

(5) 应考虑服务区的社会经济效益，服务区间距过大，虽节约投资但不能满足使用者需求，间距过小则势必造成服务项目效率较低，影响服务区的整体效益。

(6) 考虑建设成本与管理费用，服务区占地多，投资大，再加上专门队伍管理，营业成本很高。

在服务区合理设置间距方面，并不存在一个统一的标准，可根据实际需要进行考虑。同时，具体对应于各类型服务区，应该具有不同的设置间距和要求，参考欧美等国的经验，并结合国内实际使用情况，总体上各类服务区设置的平均间距以 30～60km 为宜。按照国家交通部门的指标为高速公路服务区的间隔为 50km，用地为 60～80 亩；停车区间隔为 15～25km，用地为 15～18 亩，大多数高速公路基本实行标准间隔，但是采取标准间隔并不是机械的，而应综合考虑高速公路沿线城市位置及规模、交通量及其性质、路线线型、地形、风景区位置以及管理条件、建设费用等因素，有些地区并不适用于标准间隔。大服务区设置间距应该大一些，平均间距在 100km 左右，个别根据路网条件可以达到 150km 以上；小服务区和停车区间距应该小些；当交通组成中货车比重比较大时，服务区设置间距应该适当小一点；在交通量特别大的高速公路上，应该考虑将服务区的设置间距缩小；在城镇分布比较稀疏的地方，间距适当增大；相反，在经济比较发达、城镇分布密集的地方服务区设置间距相对小一点。一些高速公路如沈大路、成渝路、沪宁路以及济青线，以标准间隔为依据，实际间隔多在 40～60km 之间。南方气候炎热，山区高速公路的货车多、超载车多、爬坡路段多，货车行使较短的路程，就要停下来加水、加油、降温，长时间驾车极易引起司机的疲劳，隔 30km 左右设一个服务区，让司机简单冲冲凉，也让汽车休息休息。

## 1.6 高速公路服务区建设规模的确定

### 1.6.1 服务区功能构成

#### 1.6.1.1 基本功能

高速公路服务区从服务对象上可归纳为三种类型：为人服务的设施、为车服务的设施和后勤附属设施。

（1）为旅客服务的设施包括园地、广场、人行道（休息、散步、眺望、联络等）；餐厅（饮食、休息等）；客房（住宿）；超市（购物、饮食等）；公共厕所（大小便、盥洗等）；免费休息所（公路情报向导，休息、饮食、急救等）；其他（公用电话、问讯处、医疗救护等）；商务中心（含电话、传真、问讯等服务）；室内外休息场所以及绿地等设施。

（2）为车服务的设施包括加油站（加油、加水、洗车、润滑油、出售零件）；维修站（检查、保养、调整、修理、润滑油、出售零件）；停车场（停车、检查、整顿货物等）。

（3）其他设施：

设备用房：配电室（建筑、道路照明、各设施供电；变电室、配电间）；锅炉房（烧水、浴室、供暖等）；焚烧炉（处理垃圾设施）；给排水设施（贮水池、泵房、水塔、污水处理设施等）；附属设施（道路清扫、绿化浇灌、消防设施、净化槽、仓库等）。

为服务区职工内部使用服务的设施：包括管理用房（办公）、职工用房（员工宿舍）。

扩展到功能层面，高速公路服务区用地一般由八类区域构成：

（1）进出匝道（引道、牵引闸道），（2）停车区（停车场），（3）驾驶员、旅客休息区（休闲广场、餐饮、购物、住宿、休息厅、厕所等），（4）车辆维修区（维修车间和修车广场），（5）加油区（油库、加油大棚、站房），（6）旅客活动休闲广场，（7）绿地及园地，（8）后勤服务区（管理用房、职工宿舍）。

**1.6.1.2**　功能拓展

现有的服务区功能配置已经越来越不能满足人们的需求，只有在对服务区功能进行合理的规划，积极丰富服务区传统功能，发展新兴功能，才能更加合理地进行服务区的功能设计，从而更好地实现服务区的功能价值。

1. 展示展览功能

展示展览功能是高速公路服务区的新兴功能之一，它的出现是随着社会功能的需求而出现的。首先，服务区用地较为宽松，为展示展览空间提供了空间的可能性；其次，服务区人流量较大，为展览提供了较大的人流量；再次，就展览本身而言，它的出现同时也丰富了服务区的功能配置，为人们的旅途生活增添了一份新鲜感。这里的展示展览包含着两种不同功能的展示：对产品的展示，这种产品可以是当地土特产品展示，也可以是厂家为了推广某种产品而在服务区进行的展示，这样通过现场对产品的展示与展览，以及现场对产品的亲身体验，对产品的宣传有极大的益处，同时也丰富了旅客的旅途生活（图1-6）。

对高速公路进行宣传：实时显现高速公路当前信息，同时也是宣传道路交通

图 1-6　台湾关西服务区展示地方产品的空间

安全的优良场所，可在某段时间内进行一个小型的宣传交通安全和高速公路的室内展览。同时也可在展览区陈列高速公路上发生的一些交通事故的照片等，这些物品无声地向人们传达出交通安全的重要性。同时也达到了宣传交通安全的目的。

2. 休闲娱乐功能

高速公路的服务区汇聚了人流、车流、信息流，服务区可以建一些休闲游乐场地，配备一些室外健身器材和其他体育设施。过往行人在服务区休息，甚至可以把这块土地当成休闲场所，休闲解闷，亦可提供便民服务项目，包括无线上网、传真影印、旅游资讯信息图册等利民措施（图 1-7）。同时，为方便过往司乘人员，在各主要娱乐设施四周设定投币式食品和饮料、商亭及旅游纪念品商店，经营各种食品、饮料、胶卷、玩具及各种旅游工艺品、纪念品，以满足游客的旅游购物需求。

3. 电子大屏幕

在服务区主建筑大厅设置电子屏幕，24 小时监控服务区广场，保障人、车

图 1-7　英国服务区露天休息区休闲场所

安全，及时发布道路和交通信息，发布高速客运、车站客流量及有关新闻信息等。为方便外籍友人能享受同样的服务，显示屏应以汉语和英语为主要语种发布信息（图 1-8）。

图 1-8　台湾东山服务区户外电视墙

**1. 6. 1. 3**　新旧功能的融合

服务区传统功能与新功能的出现给服务区的规划布置提出了更高的要求，这就要求设计师在进行规划设计的同时，不仅仅是单纯地从建筑功能出发，更重要的是考虑到服务区建筑投入使用后所产生的一系列变化。一次规划，分期实施，做好可持续发展的准备，不能因为新功能的出现而对现有功能进行较大程度的修改。

对于展示展览空间，可以结合室外绿地绿化，布设一些小品进行展示，当需要进行室内展示时，结合服务区综合楼进行设计，这就要求设计师要充分考虑综合楼的整体布局，适当布置空间供展览使用。

### 1.6.2 总体规模测算思路

（1）高速公路服务区其合理规模和功能确定的因素有：根据交通量大小、路段长度、沿线景观、地形条件，综合考虑选择适当地点设置服务区；考虑今后发展远景，以便满足扩建需要；服务区、停车区的规模，一般以交通量和停车车位数为中心基本要素。

（2）服务区的总体规模是由各类单元用地规模（功能空间）组合与叠加而成的。总体规模＝停车场＋餐厅＋超市＋旅馆＋免费休息所＋公共厕所＋加油站＋维修站＋广场＋园地＋匝道＋其他；总体规模以规划年度（一般为10年）的主线交通量和服务设施使用率为基础推算停车车位数，然后据此推算停车场、餐厅、公厕等其他设施的规模；园地规模（特别是外围园地规模）不完全根据停车位确定，而是考虑征用土地的难易程度以及经济性，再决定其规模。因为休息设施的位置条件不同，从最小的广场、小规模园地，直到能有效利用的天然树林、湖泊、山景、池塘等用地比较充裕的大规模园地，伸缩性很大。

（3）确定服务区规模的依据：各单元的组成原则上是根据规划设计交通量的停车车位来确定，即根据主线交通量，计算出服务区的停车位，以停车位为基础计算出服务区的面积及其他设施的规模，将各部分汇总起来，就是总体规模；同一主线不同位置的服务区驶入率有较大差异，影响高速公路服务区驶入率的因素有很多，车辆起讫点、车型、服务区周边城市的距离、城市车辆管制政策等社会经济环境都对驶入率有影响；从服务区所处的社会经济环境出发预测服务区的驶入率，可以采用调查形成的服务区驶入率数据和相关社会经济数据，运用弹性系数法建立驶入率趋势模型，从而获得将来服务区驶入率的增长趋势。

### 1.6.3 影响建设规模的其他因素

（1）服务区发展前景。服务区经营是一项很有潜力的事业，从国外服务区发展动态来看，服务项目趋于多样化，配套设施逐步完善，完全取代了早期服务区仅设公共厕所、加油站等简要设施的做法，现在所设的服务设施兼顾休息与娱乐，使司乘人员寓休息于娱乐之中，因此经济效益很好，美国高速公路服务区的经济收入高达收费公路总收入的3.0%～4.5%。因为我国高速公路发展迅速，在初期交通量较少的情况下对有些服务项目还估测不到，但从完善配套设施角度考虑，目前规划的服务区应有一定面积的预留。

（2）考虑交通量问题。交通量与服务区使用率成正比关系，随着人民生活水平的提高，旅游车辆比例提高很快，交通量的停留率随之提高很多，高速公路连成网络，高速公路的通道作用更加显现，交通量大幅增长，因此两线路的服务区面积以稍大一些为好。

（3）考虑当地环境。服务区如处于大城市近郊或风景区附近，占地规模以大些为宜，这些服务区可有效吸引车辆前去休息。如果地价便宜，且又非可耕地，也可适当多预留一点。

（4）考虑服务区经营问题。服务区经营的好坏是决定服务区占地规模的重要因素，经营状况好的，顾客盈门，经营状况差的，门前冷落。地理位置优越的（如大城市近郊和风景区处），按大服务区设置，征地面积宜加大，地理位置一般或稍差的，按小的服务区设置，征地面积可小些。同时在服务区规划阶段，管理部门应对服务区可能的经营方式有所研究，因为不同的经营方式，其所需的规模也会不同（图 1-9）。

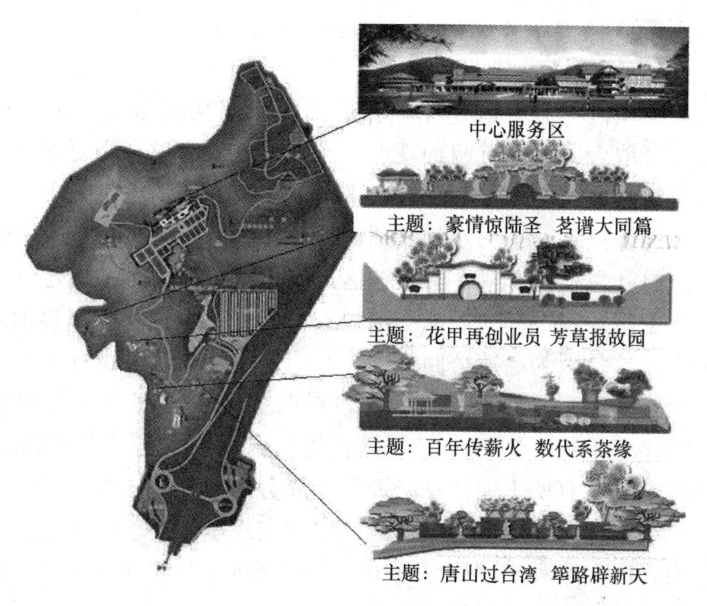


图 1-9　服务区结合日后的经营，确定建设规模和规划经营主题

（5）考虑耕地问题。我国人口众多，而可耕地面积少，且可耕地以每年 3 万多公顷的速度递减，人均可耕地占有量相对较少，因此服务区征地在满足要求的前提下，力求节俭，否则将造成浪费。

（6）考虑服务区征地形状。由于匝道是从主线斜插进入，从服务区各设施布局形式分析，认为服务区有效使用面积呈梯形状，因此建议服务区征地形状也应顺势而为，原则按内角为 60°左右的梯形征地，这样在相同的征地面积下就能获得较大的可使用空间，或者说在相同的使用面积下可减少征地面积。如一侧服务区采用长方形形状，需征地 55 亩，而采用梯形形状仅需 38 亩，节省用地 17 亩，每对服务区就节地 34 亩。

（7）考虑停车区对服务区的分流。在满足司乘人员基本生理功能方面，停车区休息、大小便等对服务区可起到分流作用。

### 1.6.4 服务区建筑规模总汇

每对服务区征地面积宜控制在 60～100 亩之间，以日均流量 30000 辆、征地面积 75 亩为标准，日均流量每增减 1000 辆，占地面积相应增减 1 亩，最大不超过 100 亩，最小不低于 60 亩。停车区面积按每处 10 亩计征。服务区一般均采取成对设置，即道路两侧各设一处，因为有些设施需集中于一侧，如附属设施；有些设施以一侧为主，如旅馆与职工宿舍、办公用房，甚至餐厅，因此在规模上两侧服务区应有所偏重，一侧服务区的建筑规模应稍大些，另一侧需相应减少，取前者的 75% 计算，两侧服务区总的建筑规模应控制在 $6000m^2$ 以内。

### 1.6.5 停车区规模测算

高速公路停车区与服务区是相辅相成的关系，共同构成高速公路的服务体系。关于停车区取舍，目前有两种观点，一种观点认为没有必要设置，理由是服务区间隔仅需约半小时行程，设置停车区还增加了管理难度。另一种观点则相反，认为：高速公路，对于一定的交通量，使用服务设施的次数基本恒定，需就餐、加油、维修和住宿的车辆，除服务区外别无选择，单纯为满足生理需要如休息和上厕所，则可两者选其一。从当前调查情况看，设计的停车容纳能力远大于实际容纳能力，这是因为高速公路尚未连线成网，旅行服务由社会和高速公路共同承担，因而服务区车辆停留率低，车辆进服务区供旅客上厕所和使驾驶员休息，并未出现停车不便。同时在停车区设置公共厕所、超市等设施，确实在供水、排污和供电方面有所不便，在必要性不充分的条件下还增加了管理对象。因此建议，当主线实际流量达 40000 辆时，考虑在停车区要求设置正规厕所，之前停车区只需设置停车场和小型简易厕所。主线流量达到 40000 辆时，可以考虑在停车区建加油站。

### 1.6.6 服务区园地设施规模

（1）园地划分。园地在作用上可分为直接使用部分和间接使用部分，前者叫做使用园地，后者叫做环境保护绿地。在服务区建设初期，园地还包括辅助用地，其作用是便于日后扩建或为某种设施预留地皮。使用园地是由休息园地和设在停车场与主要建筑物（餐厅、超市、厕所等）之间的空间，以及为能顺利使用各种设施而设置的供人群离合集散的广场与通路组成。环境保护绿地包括外围绿地、缓冲绿地和修景绿地。规划完美的园地，可以使服务区功能得到充分发挥。

（2）园地规模。关于园地的规模，由于位置、地形、形式、现有树木以及周围的环境、景观（湖泊、丘陵、山林、房屋）等不同而差别较大。园地建设投资不高，效果却很好，建议在造园方面多下工夫。服务区和停车区园地标准规模按停车场面积的 2 倍计算。

# 第2章　高速公路服务区场地规划设计

## 2.1　服务区各功能空间总体布局

### 2.1.1　服务区总平面布置范围

服务区总平面布置范围包括纵向从主线入口匝道至出口匝道。服务区总平面布置应以道路干线、综合楼、加油站等功能性建筑及其辅助功能设施为主进行综合布置，服务区其他功能性设施应服从和服务于主要功能性设施布置。

### 2.1.2　服务区功能分区

（1）高速公路服务区总平面设计应功能分区明确。服务区功能分区可分为综合服务区、车辆停放区、车辆加油区、车辆加水维修区、后勤服务区和休闲绿化区。综合服务区有餐饮区、客房区、公厕区等。车辆停放区可分为小车位停车区、大车位停车区。停车场前面布置小车位，后面布置大车位，方便司乘人员停车后便捷地进入服务区建筑内部。

（2）用场地竖向设计作区域隔离，餐饮、客房、公厕等公共建筑门前设计成步行区，人行流线和车行流线应严格分离，营造安静、亲和、舒适的氛围。

（3）服务区内的交通主干线（从入口匝道至出口匝道）与各功能分区应紧密联系，停车场与服务区其他功能性建筑之间的设计应通畅；服务区内的道路交通组织设计应方便、快捷、安全、畅通。

（4）各功能分区应做到布局合理，使用方便，流线简捷。各区应相对独立又相互关联，活动路线便捷清晰，避免人流与车流的交叉，创造一个安全、便捷、舒适的服务环境。附属建筑的位置应隐蔽，且应符合卫生要求，如图2-1和图2-2所示。

（5）服务区总平面布置应先根据服务区地形地貌等综合因素确定综合楼的平面位置；然后对加油站、道路干线进行布置；最后考虑其他设施布置。

（6）服务区地处高速公路两侧，在总平面设计和景观绿化设计时，应注意在主线上往来车辆应能俯瞰服务区全貌。突出主要建筑物，餐饮、客房、公厕、加油站要醒目。

### 2.1.3　服务区交通流线组织

（1）高速公路服务区交通组织设计应人车分流，避免交叉，形成人车各自

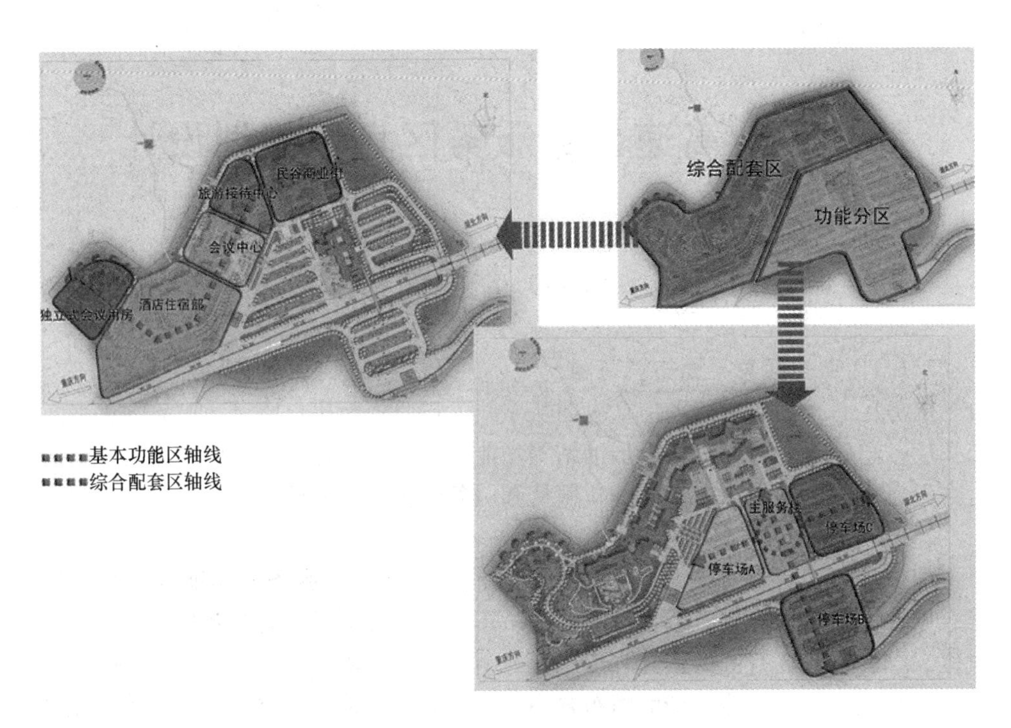


图 2-1　某服务区综合配套区和停车区功能分区图

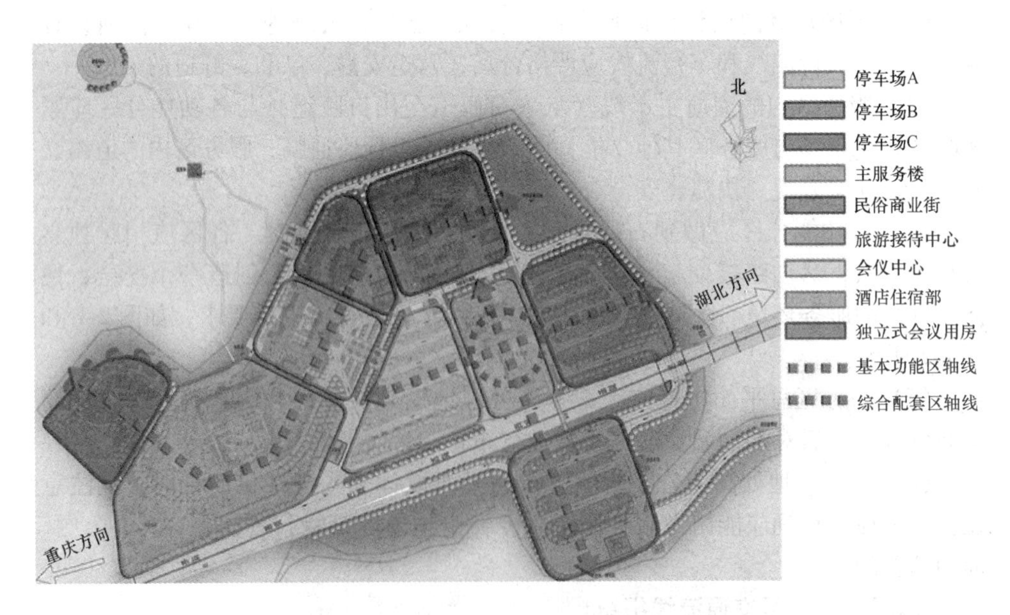


图 2-2　某服务区设计功能分区图及其功能区轴线图

独立的交通系统，处理好为车服务的设施（如停车场、加油站、修理所等）与为人服务的设施（如餐厅、公共厕所等）之间的关系。

（2）合理划分停车场大型车辆、小型车辆停车区域，以及客车与货车停车场，整个交通流线清晰，为司乘人员提供安全轻松的休息环境，如图 2-3 和图 2-4 所示。

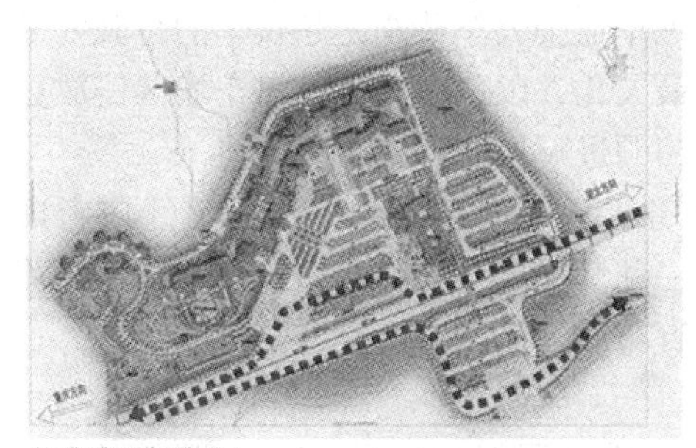
加油站通行流线

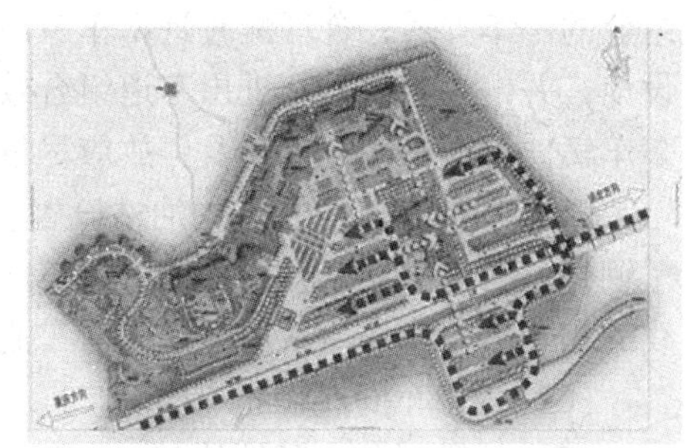
住宿、购物功能使用车行流线

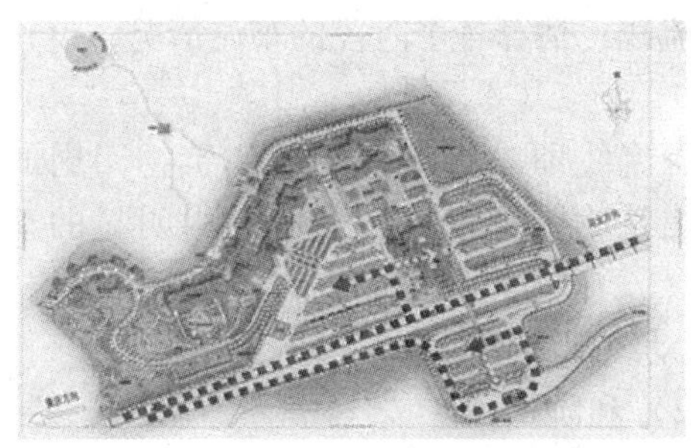
卫生间、小卖部、维修站功能使用车行流线

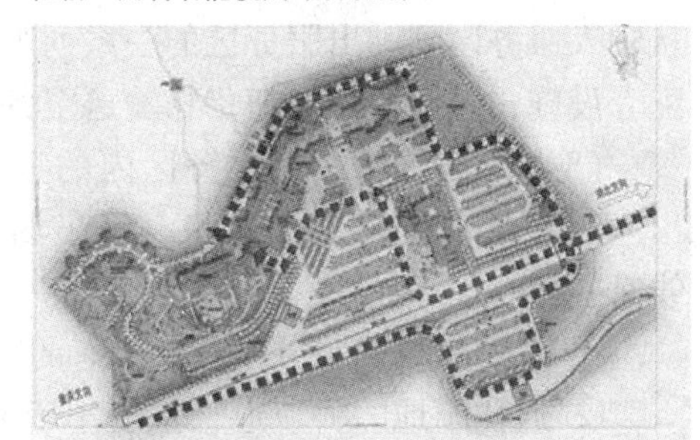
酒店、商业区功能使用车行流线

图 2-3　某服务区各功能区交通流线组织

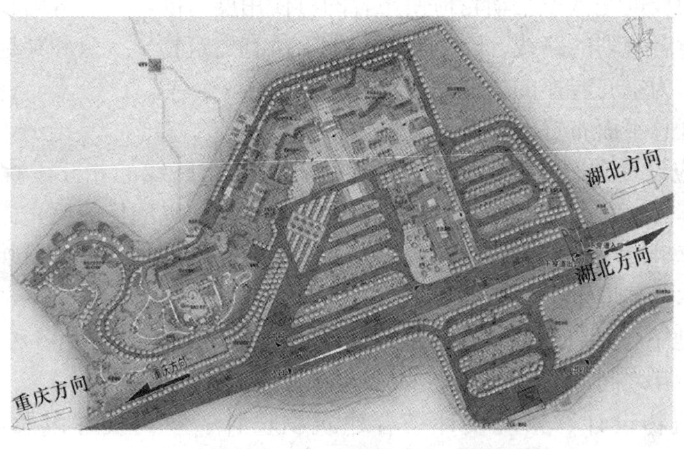


图 2-4　某服务区各功能设施交通流线组织

（3）合理组织各种车行流线，避免不同车型行车路线的相互干扰与冲突，避免停车车流、加油车流及维修车流之间的交叉。

（4）各种车行配套齐全，层次分明，便于车辆进出和管理，提高停车场的使用效率和管理效率。考虑到流量、车型的不均匀性和随机性等因素，采用有效组合的停车方式，合理配置进出车道。考虑车道按大车特别是超长车的行驶要求设计，并使大、小车和进出车道组合效益最大化，以便在有限的停车场区停放更多车辆。各类车辆的行驶及停放应尽量采用顺进顺出的方式。

（5）加油站流线。当加油站设置在服务区出口时，站内的交通流线应考虑车辆休息前加油、休息后加油、直接加油三种情况的行驶路线，避免不同车辆流线的相互影响。加油站加油机应与车流垂直布设。

（6）汽修车间应设行车装置。

（7）后勤服务交通流线。避免后勤服务性交通对主要功能区的干扰，安排从驶入服务区到驶出服务区的一系列车辆流线，估算各个时段的车流情况，设置配套设施，方便快捷地把货物输送至各处。

（8）无障碍流线。服务区内的无障碍流线即人行动线随着建筑物四周的出入口，活动就发生在这些由停车场和建筑物围塑出来的空间中。明显的动线有：

① 从停车场到服务中心，所有的穿越动线都无障碍；

② 通往园地的斜坡道（坡度小于1∶12）和阶梯；

③ 连接两个服务区之间的通道，以1∶10的坡道控制高度；

④ 其余人行动线的坡度控制在1∶20左右；

⑤ 建筑物出入口与外部空间的短斜坡的坡度控制在1∶8以下。

动线的坡度是依据手动轮椅使用者的可使用度为准。服务区内较为特殊的动线是为视障者规划的路线，除了导盲砖外，所有建筑物出入口和穿越道前都设置警示地砖作为空间转换的提醒。

服务区总平面布置的其他要点还包括：

（1）应设置交通导向标志，避免不同车型行车路线的相互干扰与冲突，更应避免停车车流、加油车流及维修车流之间的交叉。以醒目的反光标线在停车场划出大型车辆、小型车辆停车区域，以及客车与货车停车场，为司乘人员提供安全轻松的休息环境。

（2）地下各种管线应进行管线综合设计，综合布局，以免各种地下管线占地过大和相互之间冲突。

（3）植物设计、景观设计结合建筑物设计、室内设计以及小品设施造型、外饰效果，形成整体设计，由一家设计，深入细致地研讨分析，按照不同专业分别把关，最后形成一套完整的建筑图纸，长短期结合，分期、分批、分步实施。

（4）场区内必须设置照明设施、监控装置及安保设施。

（5）总平面设计应根据项目预测的交通量及驶入率等条件确定其用地规模和建筑面积，进行总体设计，远、近期相结合，统一建设并留有发展余地。

## 2.2　服务区常见的布局形式

服务区因其主要设施（停车场、餐厅和加油站等）布置的位置不同而呈现不同的布局形式。

### 2.2.1　按停车场位置划分

1. 分离式服务区

分离式服务区又称为双侧分离式或两侧分离式服务区。服务区上、下行车道停车场分布于高速公路两侧，对外服务设施基本上对称于高速公路两侧。由于高速公路上、下行车道用中央分隔带分开，故分离式便于车辆停车，车辆可直接开到停车场，不必绕到对面停车场去，这种形式还可以防止驾驶员互相交换通行卡等作弊现象，所以一般高速公路大都采用分离式，双侧分离式可对称布设或非对称布设，采用双侧分离式布设时应设跨线桥或通道，通道高宽宜 2.5m × 4m。

（1）分离式外向型（图 2-5 和图 2-6）。这是国内外普遍使用的一种形式，系按主线、穿行车道、场内车道、维修站、公厕、停车场、餐厅、超市、免费休息所、客房以及加油站的顺序，从主线行车道自外侧分别为人和车布置服务设施，济青路、沈大路均采取这种形式。

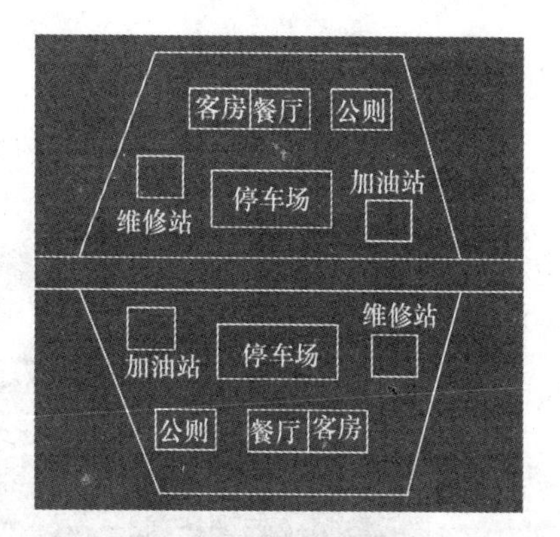

图 2-5　分离式外向型服务区

（2）分离式内向型（图 2-7）。这种形式与分离式外向型设置顺序相反，餐厅与主线在平面上是近邻，不适于休息。这种形式多因周围为城镇市区或由于深挖土方等向外侧眺望不开时，属不得已而为之的形式。我国目前尚无实例，日本因城镇密集，极个别采用此种形式。

（3）分离式平行型（图 2-8 和图 2-9）。这种形式适于地型狭长地带，京津塘高速公路马驹桥服务区和京石高速公路望都服务区都采取这种形式。

图 2-6　分离式外向型服务区实例

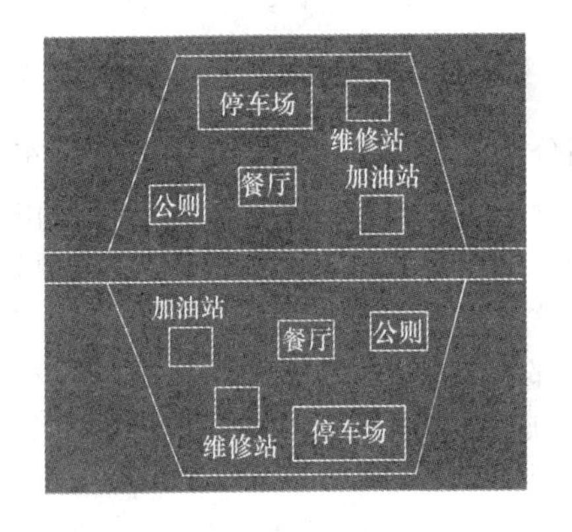


图 2-7　分离式内向型

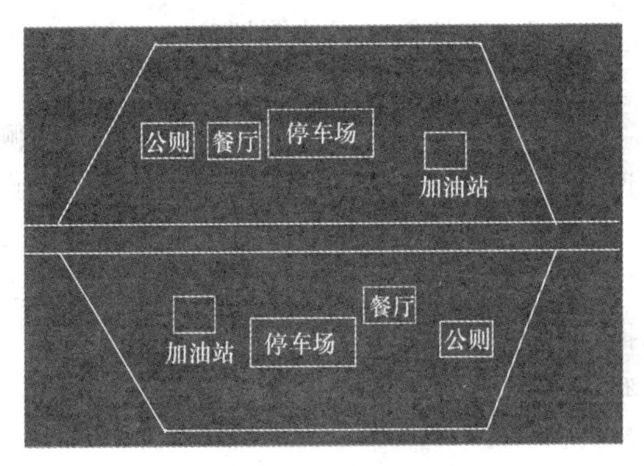


图 2-8　分离式平行型

图 2-9　分离式平行型服务区实例

（4）分离式餐厅单侧集中型（图 2-10）

分离式餐厅单侧集中型又称为双侧偏置式，主建筑偏一边，停车区偏一边。

服务区采用双向设置时，采用偏置式比较适用，商业效应好，管理成本低。此布局稍加改造成卫星式，各种服务设施在停车场周边布置，通过环型车道引导车辆进出，旅客无论享受何种服务都可以看到车辆的动态，旅客放心就带来较好的商业效应。这种形式适合于高速公路一侧场地比较狭窄的情况，餐厅、客房等建在另一侧，旅客通过地下通道进入另一侧。

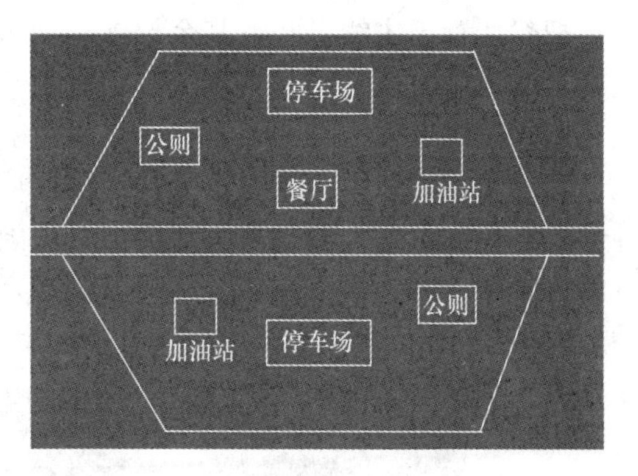


图 2-10　分离式餐厅单侧集中型服务区

例如京石高速公路涿州服务区和望都服务区就是这样规划的，沪宁高速公路有两个服务区的客房也都建在一侧。在高速公路初期运行阶段，交通量较少，餐厅利用率不高，可先在一侧服务区内设置餐厅，另一侧餐厅留待以后再建，福厦高速公路泉厦段朴里服务区第一期工程，就拟定在一侧建综合服务大楼。

（5）内外并用型（图 2-11）

此为分离内向型和外向型的折中形式，一侧的餐厅为内向型布置，另一侧为外向型布置。当主线的一侧有优美风景吸引服务区视线，或是由于地形条件等限制，可采用该形式。两侧的服务区与相对于主线正面相对，从一侧设施区眺望可能被另一侧遮挡，解决方法是提高被遮挡基础面，或使位置错开。在这种形式中，仅外向型一侧适于建客房，另一侧不适合。

（6）分离式餐厅上空型（图 2-12、图 2-13 和图 2-14）

分离式餐厅上空型又称上跨式、跨线式、过桥式、主线下穿式等。主建筑放置在跨线上或桥的两头，主线两侧设置停车场、加油站、修理厂等附属设

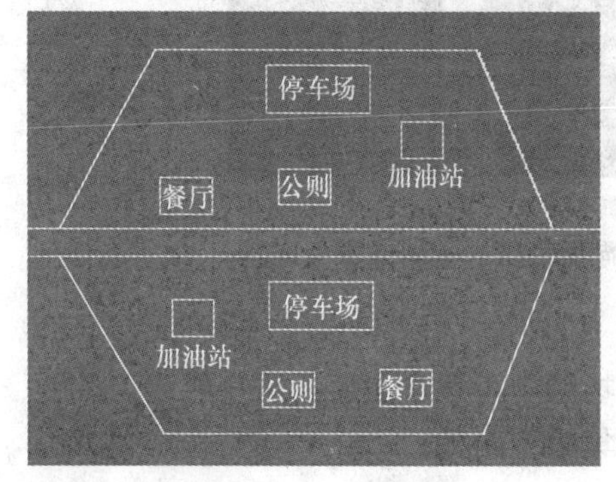


图 2-11　内外并用型服务区

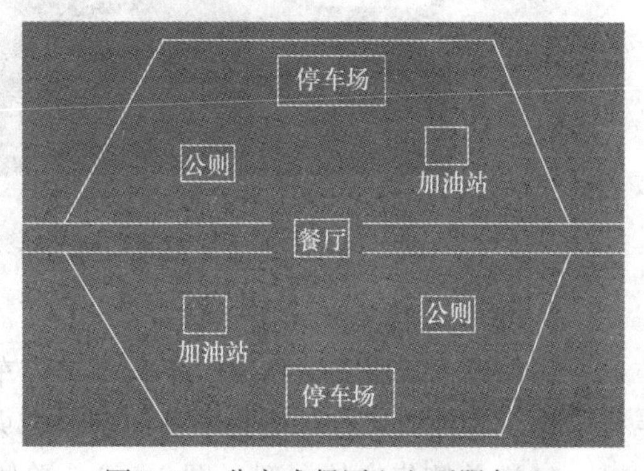


图 2-12　分离式餐厅上空型服务区

施。把餐厅置于主线上空，其余设施分别布置于高速公路两侧，使两侧的餐饮设施合二为一，从经济和管理上都很有利，也可减少征地及房建规模。这种形式利用了主线上方的空间，可在一定程度上减少用地，适用于设在城郊或陡坡地形等处，特别适用于主线挖方的地段，可作为高速公路的路标重要标志。这种形式在英国、意大利很多，在美国、法国、德国也有实例，如德国不来梅附近的一个服务区。锡澄高速公路的堰桥、京沪高速公路龙奔服务区也采用了这种形式。

图 2-13　京沪高速公路龙奔服务区（天桥式现代建筑像龙马像迎宾门横跨在高速公路上空）

图 2-14　江苏宁常镇溧高速公路漏湖服务区（上跨式服务区）

2. 集中式服务区（图 2-15）

集中设置式服务区指上、下行车道停车场集中布置在高速公路一侧或上、下行中央。这种形式有单侧集中外向型、中央集中型两种。

（1）单侧集中外向型（图 2-16）。单侧集中布置，另一侧通过匝道跨线桥将

图 2-15　宁杭高速公路东庐山服务区将主要服务设施集中设置于南侧，北区只设置少量的必要设施

车辆引进服务区。这种形式适用于某一侧景观特别优美，对使用者有很强的吸引力。服务设施按外向型集中设置在一侧，上、下行停车场分开设置，限制车辆互通，为人设置的设施可以共用。采用单侧布置，虽然建筑成本略有增加，但长期的商业效应好，管理成本在同等规模的情况下可比双侧布置降低 1/3，需解决好换卡逃费和 U 行的问题。沪宁高速公路阳澄湖服务区就采取这种形式，借助阳澄湖的秀丽风景，集中设置服务区可使场地开阔，增加服务项目，因此前来休息、购物、食宿的旅客很多。在这种形式中，加油站可以单侧布置，也可以双侧布置。

图 2-16　单侧集中外向型服务区

（2）中央集中型。中央集中型是把服务设施集中设置在上、下两车道中间，美国较多使用。另外，车辆进服务区是从超车道驶进，对安全不利。

3. 服务区基本形式优化设计

在布置形式上原则推荐分离式外向型，分离式内向型、平行型和集中式中央型原则上不宜采用；分离式内外并用型、餐厅上空型和单侧集中型可根据地理环境酌情规划；分离式餐厅单侧集中型适于分期修建的一期工程。

### 2.2.2　按餐厅位置划分

（1）外向型。在餐厅和高速公路之间布置停车场、加油站等其他服务设施。

这种布置适用于服务区外侧有较开阔的平原、山野、森林等风景秀丽的地带。旅客在用餐的同时，还可以欣赏窗外美丽的景色，使其心旷神怡，解除旅途的疲劳。外向型服务区便于停车，旅客进入服务区可避开嘈杂汽车声音的干扰，以便在安静的环境中得到较好的休息，从而更快地消除疲劳。因餐厅离高速公路较远，有时还有花台、树木等绿化带的隔离，减少了尘土的污染，使旅客能得到较为干净卫生的食品。因而，一般都采取外向型方案。

（2）内向型。餐厅与高速公路相邻，餐厅的另一侧布置停车场和加油站等其他服务设施。这种布置适用于服务区周围环境比较封闭、旅客无法向外远眺的情况，如深挖地段或四周为乡镇街道等。

（3）平行型。餐厅和停车场、加油站等服务设施都与高速公路相邻，沿高速公路方向作长条形布置。这种布置方式适用于地势狭长的地段。只有在地形条件受到限制时，才采用内向型或平行型方案。

### 2.2.3 按加油站位置划分

（1）入口型（图 2-17 和图 2-18）。加油站布置在服务区入口处，车辆一进服务区就可加油，驾驶员有安定感。沪宁路加油站均设在进口处；沈大路景泉、熊岳服务区的加油站也设在进口处。据统计，绝大部分车辆是加油之后立刻就走的，不需要进入停车场，但是当加油车辆比较多的时候，进口加油型布置形式，容易造成服务区入口处排队，发生加油车辆排长龙现象，妨碍匝道车辆的行驶。因此，在新的高速公路服务（停车）区加油站设计中应留有足够的扩建用地，同时扩建的管道应预埋，这样当交通流量大到

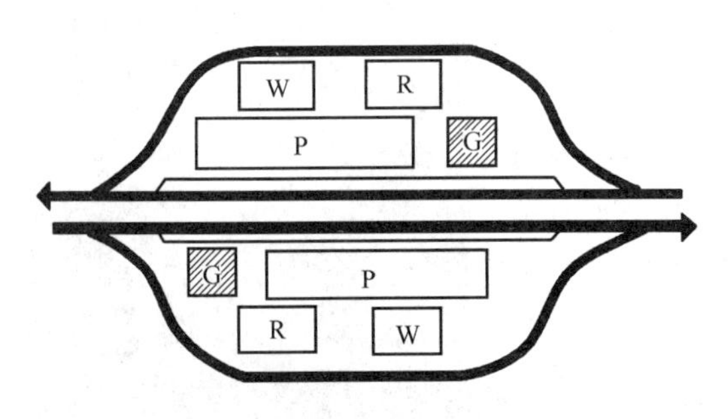


图 2-17 加油站入口型服务区

图 2-18 滆湖服务区

一定规模时方便扩建。

（2）出口型（图 2-19 和图 2-20）。加油站布置在服务区出口处，车辆在出服务区时加油。从设计合理性及营运情况而言，出口加油交通流线顺畅，有利于场区合理布局及行车安全。利用停车场可有利提供加油等候的区域。但若设计考虑不周，可能会造成加油车辆同主线上进入服务区（停车区）车辆的交叉行驶，形成进口瓶颈现象。京福、徐宿等高速公路服务区在布局设计加油站区时大都采用实施较好的出口加油型方案。

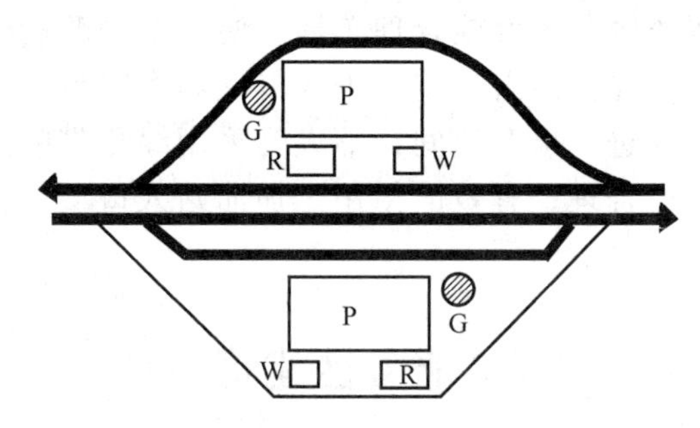


图 2-19　加油站出口型服务区

图 2-20　福宁高速公路云淡服务区加油站位于出口处

（3）中间型（图 2-21）。加油站布置在入口和出口之间，使用起来比较

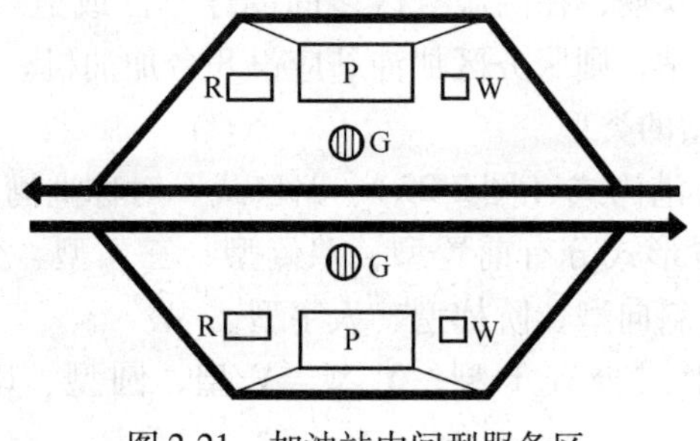


图 2-21　加油站中间型服务区

灵活，但安全性稍差。京津塘高速公路马驹桥服务区的加油站就设在服务区中间。加油站设在中间除安全问题外，对布局影响也较大。中间加油型服务区（停车）应结合地形、地块而定，它同样会造成加油区附近交通流线交叉现象。

（4）服务区基本形式优化设计。关于加油站位置，在条件许可下，优选采用出口加油型的布局方式。加油区的行车道布置中，转弯半径应放大，更有利于保证超长车、超宽车等特种车辆加油前后的安全行驶。服务区面积相对较小，从利于服务区各类设施合理布局、便于车辆顺利驶进和保障安全这三个决定因素来看，加油站出口型好于入口型和中间型。若加油站布置于进口处，即加油广场同进、出车道间，不人为采用绿化带隔断，这样有利于加油广场与进、出车道合理、有效的使用。加油站入口型应慎重采用，不推荐加油站中间型。

## 2.3 服务区建筑设计

### 2.3.1 综合服务楼设计

综合服务楼（简称综合楼）是供司乘人员休息与活动的区域，是服务区设计的重点与中心，包含卫生间、餐饮、购物、休息厅等服务设施，要求休息区的服务设施联成整体，成为综合楼。供旅客休息与活动的综合楼宜靠近服务区场区前侧布置，当服务区采取双侧分离式或单侧集中式布置时，综合楼与高速公路主线的安全距离应大于50m。（详见本书第五章、第六章和第七章）

### 2.3.2 加油站设计

#### 2.3.2.1 加油站建筑规模

在目前服务区各项目经营中，加油站收益最好，与主线流量呈正比关系。从满足各车型油料角度考虑，并为加油机留有间息和检修余地，加油站应设6台或以上的加油机。从加油机的工作负荷来看，当车流量在40000辆以下时，设6台加油机；如达到40000辆，在两服务区之间的停车区或适当位置启建新加油站；如不考虑增设新加油站，则服务区加油站应设8台加油机。

#### 2.3.2.2 加油站的类型

（1）按地形分有港湾式（图2-22）、路口式、对称港湾式。

（2）按平面布置形式分有前置型、双侧型、三叉型、分立型、长廊型、圆环型、十字交叉型、斜向型、阶梯型、人字型。

（3）按加油棚形式分有T型、Y型、V型、圆型、R型、扇型、悬挑型（图2-23和图2-24）。

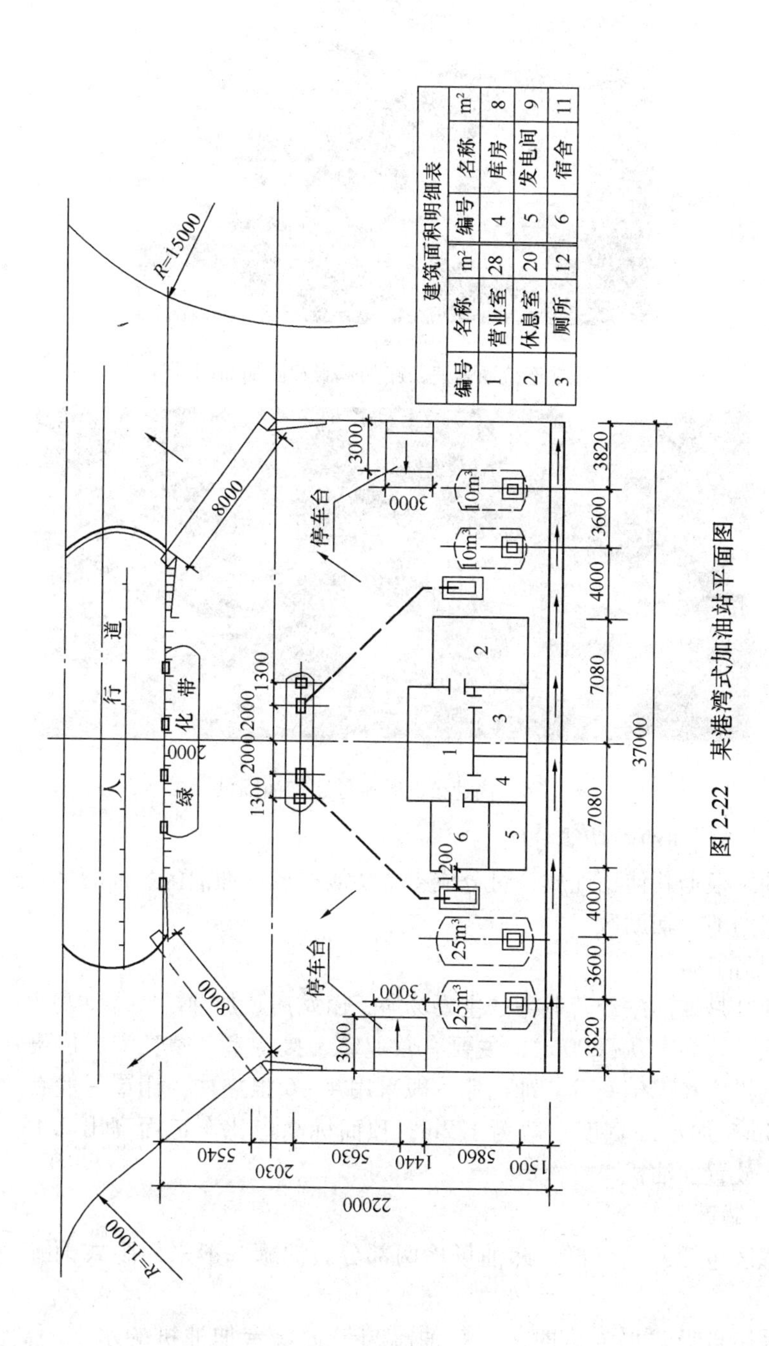


建筑面积明细表

| 编号 | 名称 | m² | 编号 | 名称 | m² |
|---|---|---|---|---|---|
| 1 | 营业室 | 28 | 4 | 库房 | 8 |
| 2 | 休息室 | 20 | 5 | 发电间 | 9 |
| 3 | 厕所 | 12 | 6 | 宿舍 | 11 |

图 2-22　某港湾式加油站平面图

图 2-23　连盐通高速公路如皋服务区加油棚设计

图 2-24　高速公路某服务区加油棚设计

**2.3.2.3**　加油站功能分区

加油站根据其使用性质，可分成 4 个功能区域：加油区、油罐区、进出车行道和停车场地、辅助区。

1）加油区

加油区是加油站经营业务的主要场所，由站房、加油棚、加油岛组成。站房建筑面积一般为 150 ~ 200$m^2$，主要有营业室、接待室、站长室、值班室、配电室、发电机房和卫生间等。加油棚一般采用 4 ~ 6 根立柱，棚罩一般有效高度不低于 4.5m。加油岛宽度一般为 1.2m；顶面标高应比车道面高出 0.15 ~ 0.2m；加油岛上放置加油机。

2）油罐区

油罐区包括：油罐群、卸油场地两部分。油罐一般采用卧式钢罐，埋地设置。

当采用自吸式加油机时，一般油罐与最远一台加油机的水平距离为 15 ~ 25m，以免影响加油机的吸入。

油罐区的布置既要有利于安全管理，又要有利于业务管理。

3）进出车行道和停车场地

车行道按下述布置为宜：

加油岛距站房外边缘的净尺寸应不小于 4m；加油岛与加油岛之间不小于 8.5m；加油站的进、出口应分开设置，车行道的转弯半径按行驶车型确定，不小于 9m；进出口道路的坡度不得大于 6%；停车场地坪及道路路面不得采用沥青路面，应做混凝土路面。

4）辅助区

辅助区主要指：车辆保养间、小包装润滑油零售部、洗车间、围墙等。

**2.3.2.4**　加油站流线组织

1）站区交通流线应考虑车辆从停车场来加油、从高速公路直接来加油和从停车场不加油直接上高速公路等三种情况的行驶路线，避免不同车辆流线的相互影响；加油站尽量减少无关人员、车辆穿越。

2）开往加油站和修理间的车辆，不要经由停车场，最好直接从贯穿车道、匝道穿行。

3）加油站应利于汽车加油和通行，加油站尽量靠近场区（匝道）出口设置，并应独立成区，四周环形路贯通，且必须按规范要求与周围商业建筑和其他服务设施保持足够的安全距离。此类型的设计要考虑从停车场向前能看到加油设施，或用通往加油站的贯穿车道妥善地引导。若场地条件不允许，也可在入口处或中间设置。

4）加油区的行车道布置中，转弯半径应放大，有利于保证超长车、超宽车等特种车辆加油前后的安全行使，尽量避免车辆在加油站附近小半径转弯加油，总体设计上应当避免贪大求全，可改方形大棚为长条形，车位斜置，减少占地投资。一般配备 2 ~ 3 台加油机，可采用无人加油机，尽量减少员工配置，降低成本。

5）加油站在布置时要考虑消防规范和工艺要求，油库宜采用半埋式，防止油库进水托起油罐而浅漏，必须有严格封闭设施。为节约用地、节省管道材料并满足消防安全要求，油罐（壁）位置距站房宜按 5 ~ 7m 净距考虑，必须按规范要求与周围建筑保持足够的安全距离（30m 以上），站内油罐（壁）及加油机与站外可能散发明火地点（露天）的直线距离不得小于 30m。

6）加油站区同汽车修理间最好布置在综合楼的两侧，安全可靠。

7）加油站、修理所、降温池、加水设施等也必须配备相应数量的停车场地。

**2.3.2.5**　加油站建筑造型设计

加油站的建筑设计在满足消防安全的情况下应体现出以下几点：

（1）站内布局合理，能在有限的空间和场地条件下取得最大的营业面积和营业效果；

（2）新颖别致的造型，明快的色调，与周围的建筑协调统一，其景观引人注目（图2-25）；

图2-25　台湾东山服务区加油站造型设计

（3）外装修要具有时代气息，具有醒目和诱导效果，瑞士图西斯市高速公路服务区，设计师利用复杂的布局和时尚的外观将高速公路服务区建筑设计大赛的主题“地区之窗”表达得淋漓尽致（图2-26和图2-27）；

图2-26　瑞士图西斯市高速公路服务区加油站正面

图2-27　瑞士图西斯市高速公路服务区加油站侧面

（4）充分利用灯光效果，加油站是昼夜营业场所，特别是在夜间灯光具有光彩夺目、烘托气氛的作用，同时能映衬出建筑主体的优美造型；

（5）招牌和广告应成为建筑设计的组成部分。它不仅是向消费者提供信息的促销手段，而且也是建筑装饰的一种手法。

### 2.3.3　汽车维修站设计

汽车维修站也称维修车间，主要承担路上发生故障或事故车辆的维修。汽车维修站应包括：维修车间，大、小配件库，办公室，营业室等。汽车维修站建筑面积的确定，应考虑我国车况现状，维修车间的面积大致应与车流量成正比。关于汽车维修站位置，一般采用加油站区同汽车修理间布置于综合楼同一侧的方案，或者将汽车修理间和加油站分置至综合楼两侧。将维修站与加油站在消防许可范围内设在一起，使两家共用一部分场地，便于车辆加油、维修一体化服务，还可以共用通信室、浴室盥洗室及室外部分。汽车修理间和加油站分置综合楼两侧，维修站设在入口处，加油站设在出口处，容易满足消防间距 30m 的要求，车辆维修经常动用明火，万一出现纰漏，就会危及加油站，同时也使维修站遭受连带灾难。另一个考虑是维修站、降温池、加水设施设在入口处，便于故障车辆驶入，符合服务区流线。考虑维修站设在入口 1/3 处，便于故障车辆驶入，符合服务区流线。

**2.3.3.1** 服务区汽车修理间规模及主要功能

关于维修站的规模，国内各线路维修范围定位不一，有的定位于能满足小修即可，有的则想承担大部分维修，尤其是撞损车可给维修站带来很好的经济效益。如维修站仅对路上的故障车实施小修，则建筑规模只需 350$m^2$ 左右。如扩大维修范围，建筑规模将可能加大一倍，甚至两倍，修车广场在平面布置上，划定区域也适当增大。根据国内已运营高速公路汽车维修情况的调查，宜将维修范围限定于路上故障车辆的小修，在日均流量 55000 辆以下时，建议维修车间跨度为 15m。随着汽车制造技术的提高，服务区内修理厂有可能渐渐只做简单的维修保养，也有可能在一般的加油站即可以做到。

汽车修理间的面积按每台位 60～70$m^2$ 计算，其余部分（机工间、充电间、材料库等）视修理任务及设备条件酌定。服务区的汽车修理间一般规模较小，采用室外大棚形式。汽车修理间功能主要包括大空间的汽车修理间和一些附属用的房间（配件仓库和值班室等），汽车修理间至少有一间应设置修理槽。对于大空间的修理间首先确定其柱网模数，根据车辆的大小不同，在设计的时候尽量做到满足各种车辆可以进行修检。设计时选择（4～4.5）m×（6～9）m 的柱网，留出一定空间便于维修，既经济又合理实用。那么大空间的修理间就可以在这个柱网模数范围内根据服务的能力来布置。而其他一些小功能用房只需其中一个柱网模数或单独确定都可以。根据统计各类车辆净高决定修理所净高要在 4m 以上，一般设计为 4.8m，留出人员检修空间。图 2-28 为某修理所的平面布置图。

**2.3.3.2** 服务区汽车修理间修理设施

汽车修理间中汽车修理设施主要包括检修坑、修理设备和洗车台等。

（1）检修坑

一般情况下，检修坑可以分为三种：尽头封闭式检修坑、侧面检修坑和混合

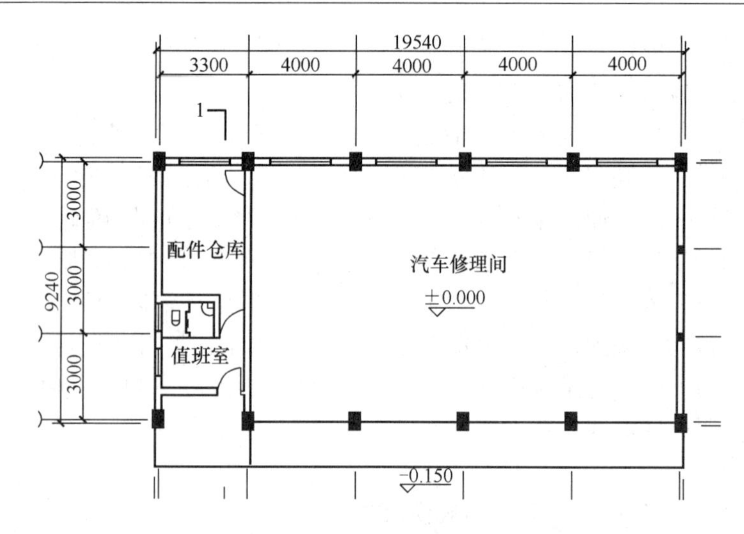


图 2-28　汽车修理间平面图

式检修坑三种。

（2）修理设施

①贯通式栈桥检修、洗车栈桥一般均为贯通式，亦有做成尽头式或半栈桥式的。

②双柱升降机

升降机作用与栈桥相同，可自由调整至需要高度。有液压风动式、液压式、电动机械式三种。支柱有单柱式、双柱式、倾斜式和变距双柱式几种。

维修站的工作特点决定了其卫生环境不良，因此在布局上既要有醒目的标志，又要有所遮掩，修理间布置在人流较少的偏远的一隅。

维修站应有良好的通道，在站前需设置一定的停车场地，用以停放待修车辆及已修好但未办理结账手续的车辆。

在建筑设计上，应考虑所在地理位置，如在山东省，维修车间的大门应朝南，不要朝北，因山东省冬季气候寒冷，北风穿门而进，影响工人干活。济青路潍坊南服务区的维修车间已封闭原设的北门，挖开南墙造设了南门。

**2.3.4　员工宿舍的设计**

**2.3.4.1**　员工宿舍的布局及规模

（1）员工宿舍布局特点

员工宿舍是专供服务区内部管理人员和员工使用的，一般位于服务区的最内部，布置比较简单，一般在设计的初期，可暂不考虑员工宿舍的具体方案，但是在总平面规划中要预留出其用地范围。一般比较完善的服务区，都会在后期布设员工宿舍，一般只在一侧服务区内部布置。

（2）员工宿舍的总体规模

服务区的人员配备根据服务区的规模及服务内容确定，一般中等规模服务区的人员编制大体是：管理机构（经理、财会、司机）8 人；业务部（餐旅、商店、加油修理）75 人；后勤部（后勤、保障、厨厕、停车区）10 人；一般控制在 90 ~ 95 人，宿舍面积以人均 $12m^2$ 计，职工宿舍建筑面积约为 1100 ~ $1200m^2$。

**2.3.4.2**　员工宿舍的主要功能

员工宿舍的主要功能比较简单，一般包括：卧室、卫生间、洗衣房、开水房等，具体平面布局设计同一般宿舍。在某些服务区中，员工宿舍并不单独设置，而是合并在服务区综合楼内，其布设与综合楼的客房综合考虑。

### 2.3.5　附属设施实践

服务区附属设施主要有：变配电室、锅炉房、浴室、供排水装置，原则上这些设施设在一侧，目的在于节省投资，减少工作人员。

辅助设施容易被人们所忽视，其实它对于服务区的影响很大，对于电负荷等宜长短期结合，充分论证，综合考虑，切忌只顾眼前，不考虑发展的做法。

（1）锅炉、变电间、锅炉房、给排水设施、供电设施、垃圾处理设施等因其本身与一般使用者没有直接关系，尽量布置在使用者视线以外，设在比较偏僻的位置，如服务区边角处，但应便于检修，但又应注意服务流向的合理性及满足工艺流程的要求。

（2）锅炉房、垃圾站、污水处理设施（图 2-29）等对空气、环境有污染的设施都应设置在综合楼的夏季主导风向的下风向，减少对环境的影响。焚烧炉的位置设置应不使其焚烧时的烟妨碍主线上车辆的行驶和餐厅、加油站、修理所的营业而进行布置。

图 2-29　地埋式污水处理系统

（3）变电间应考虑布置在负荷的中心，锅炉房应布置在食宿设施的附近。

（4）对于服务设施的水源问题，因地理位置关系，一般采用打井取水。净化池、泵房、水塔等给水系统尽可能设在取水井附近。

图 2-30　德国某跨线地道

### 2.3.6　人行天桥及地下通道

高速公路服务区总平面采用两侧布置时，天桥和通道（图 2-30）承担左右两个场区的空间过渡连接功能。天桥或地下通道的形式和方案取决于服务区所在地区的水文地质、气候、地形、主线两侧的建筑物布局等条件。就使用观点看，建地下通道有利于人员的流动和两侧各管道的联系；从安全角度讲，地下通道对各方面的安全保证度大一些，地下通道一般采用过人与供应管道分开设置，过人通道断面一般为 2. 5m × 2. 0m，设计时要特别注意考虑防漏、防渗、排水等问题。

从地形方面来讲，当场区位于挖方地段，场区设计标高要高于主线时，天桥的施工量和造价明显低于地下通道，一般优先考虑使用天桥；一般当外界环境优美或附近有旅游景点时，设置天桥是首先要考虑的因素，设计中应注意人行天桥与道路及周围建筑建立和谐统一的关系，使人行天桥成为服务区空间环境的新景观（图 2-31）。

图 2-31　水府庙服务区天桥景观

人行天桥的建筑风格、建筑材料需要设计部门进行方案比较和经济技术条件论证，人行天桥的设计还包括桥面配套设施的各类环境设施，如照明、灯架等（图 2-32 和图 2-33）。

图 2-32　德国某跨线人行桥（一）

图 2-33　德国某跨线人行桥（二）

## 2.3.7　架空休息廊、遮雨篷

在服务区中通常采用的设计方式为局部架空一层空间（图2-34和图2-35），并在这个空间内引入绿化、水体、小品、电话亭等设施，使旅客置身其中，既能感受到自然，又能感受到室内宜人的气氛。建筑物底层架空设计是把建筑物的底层部分空间，去掉其正常的围合限定，使之成为通透延续的空间，一般不用于具体的功能，植入绿化、休息设施等作为人们公共活动空间。底层架空让人们获得更多的阳光和空气，有顶，避免了气候因素的干扰，可遮阳避雨，营造安全舒适的环境；无围护结构，视线不受影响，引入更多的室外自然光线和景观，室内外空间界限模糊，相互融合，充分体现了灰空间的性质。

图2-34　某服务区架空层嵌入式园林

图2-35　某服务区架空休息廊

连廊在空间中承担着形体过渡功能，当一些不同性质、体量的建筑组合相连时其内部通过连廊等“过渡性空间”相接时，反映在外形上，连廊便成了这些建筑的连接转体。利用连廊等形体转接形式可使场区建筑之间外型组合更加有机而丰富多彩。

骑廊是上层的板和楼板整体浇筑外挑形成，下面没有维护结构，只有柱子作为承做构件，用作风雨廊。沿街商业底层常采用骑廊的形式，骑廊的宽度宜3m左右（图2-36~图2-39）。

图 2-36　三原服务区综合楼前骑楼，用来遮雨

图 2-37　昆安高速公路读书铺服务区檐部结合雨功能，景观特征独特，给人以深刻的印象

图 2-38　京珠高速伞铺服务区骑楼，用来遮雨

图 2-39　江苏沪宁高速公路梅村服务区骑楼

## 2.4　服务区场地的设计

### 2.4.1　停车场设计

停车场是汽车停车并进出的场所，也是供旅客上下车并能够安全地步入休息点的场所。在规模较大的服务区，一般将小型车与大型车的停车场分开设置，并使大型车停车场相对靠近公共厕所，小型车停车场则相应靠近餐厅和休息室。

设计的停车场不应被建筑分割，对停车场停车位也要进行优化划分，在功能分区中应尽可能地扩大停车场的使用面积。在建设过程中，联合有实力的科研单位对场区高性能路面进行科研攻关，以期提高场区路面的耐久性，减少后期修补，降低运营费用。

通过环岛将大小车停车场分离，进入休息区，眼前的循环系统分为两条道路，一为轻型车道和一为重型车道，考虑到要使交通自由通畅，“轿车”和“卡车”路的双向线路被合并到两个循环交叉点。

1. 停车场组成

停车场由出入口、通道、停车位、隔离带、附属设施等组成。停车位车辆类型按几何尺寸设计车型归并为小客车、大客车、小型货车、大型货车、拖挂车和超长车共六类，以小客车作为换算的标准，具体尺寸和换算关系见表 2-1。停车场设计内容包括雨水口、绿化、竖向、连接曲线、平面布置。

**表 2-1　服务区停车场设计车型外廓尺寸和换算表**

| 车型 | 各类车外型尺寸（m） | | | 换算系数 | 说明 |
|---|---|---|---|---|---|
| | 总长 | 总宽 | 总高 | | |
| 小客车 | 3.20～6.00 | 1.6～1.8 | 1.8～2 | 1.0 | ≤19 座 |
| 大客车 | 7.00～12.00 | 1.8～2.5 | 2.3～4 | 2.0 | >19 座 |
| 小型货车 | 4.30～8.70 | 1.8～2.5 | 4 | 1.0 | ≤7 吨 |
| 大型货车 | 9.00～12.00 | 1.8～2.5 | 4 | 2.0 | >7 吨 |
| 拖挂车 | 12.00～18.00 | 2.5 | 4 | 3.0 | |
| 超长车 | 18.00～30.00 | 2.5 | 4 | 6.0 | |

2. 停车场功能分区规定

停车场是提供汽车停车和进出的场地，要适应各种类型车辆的停放和进出，设计应考虑将停车场分成五个区：①客车；②小轿车；③货车及超长车；④特种车（家禽、牲畜、危险品车）；⑤小时保养（司机自己作业）场地（图 2-40 和图 2-41）。

图 2-40　法国某服务区停车场图

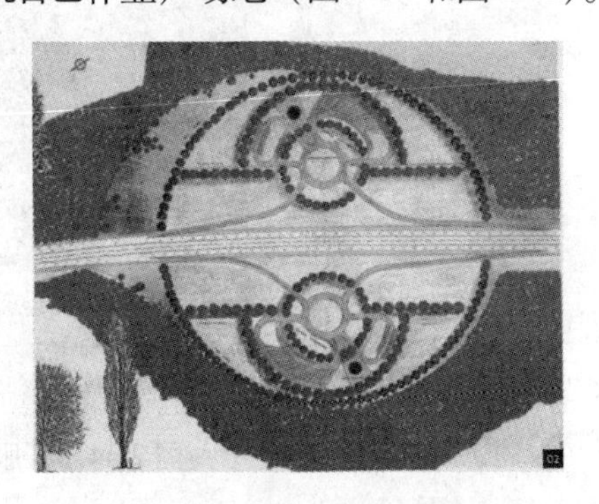

图 2-41　法国某服务区停车场设计示意图

根据这五类不同车辆的不同要求，规划停车区和牵引道，严禁客货混停，防止超长车倒车停放。客车停车区宜靠近主要建筑物设置，距离公共卫生间、餐饮、休息等主要设施较近的位置；货车停车区不宜设置在主要建筑物前侧。设置停车场的时候，应尽量将停车场集中于一处，避免设置成许多小停车场，因为若停车场分几处设置，会增加车流、人流的干扰，不利于交通安全。

停车场尽量做大，隔离岛要少而小，避免影响停车和交通（图2-42和图2-43）。停车场要尽可能留有发展余地，可一次征用，分期扩建，初期可暂以绿地替代（图2-44）。

图2-42　某服务区客车停车场

图2-43　某服务区小汽车停车场区，该停车区用绿岛隔离，达到美化遮阳的效果

图2-44　某服务区发展用地规划

3. 停车场停车方式特点和应用

停车方式的选择与服务区匝道、停车场布局、车到方位、交通组织特点等相关。条件允许时，尽量采用前进停车、前进发车。尽量减少不必要的倒车，以提高停发效率和安全性（倒车速度慢，大车视线受限）。容量大的停车场考虑交通设施设置的方便，平行式停车只能采用前进停车、前进发车方式。总平面图中停车场出口处应考虑预留广告牌位置。

停车场是供汽车停车并进出，及旅客上下车并安全步行的场所，停车场应避免人、车流交叉。

停车场与食堂、超市、厕所、园地等场所通过广场、步行道互相联系，为使高峰时去停车场的人不致拥挤，在这些场所的前面，要保证有足够宽阔的广场。

4. 停车场车位设计

1）停车场车位数计算。停车场车位数根据主线交通量与设施的利用率按下面公式求得：

停车位位数（一侧）：一侧设计交通量 × 驶入率 × 高峰率/周转率

驶入率：驶入服务区的车辆数（辆/日）/主线交通量（辆/日）

高峰率：高峰时停留车辆数（辆/时）/停放车辆数（辆/日）

周转率：1（小时）/平均停车时间（小时）

2）服务区驶入率推荐分为三类。一类驶入率：20% ~25%；二类驶入率：15% ~20%；三类驶入率：10% ~15%。

3）停车场车位布置

①小客车停车场的停车方式宜采用垂直式或 60°斜放式停车，前进停车、后退发车。

②大客车停车场的停车方式宜采用 60°斜放式停车，前进停车、前进发车。

③大货车停车场的停车方式宜采用 45°斜放式停车，前进停车、前进发车（图 2-45）。

④超长车停车场的停车方式宜采用平行式停车，方便车辆进出。

4）各类车型的最小转弯半径可采用表 2-2 的规定。

**表 2-2　各类车型的最小转弯半径**

| 车　　型 | 最小转弯半径（m） |
| --- | --- |
| 小客车 | 6.00 |
| 大客车 | 8.00 ~ 10.00 |
| 大货车 | 10.50 ~ 12.50 |
| 超长车 | 18.00 ~ 20.00 |

图 2-45　某服务区大货车停车场停车位设计

5. 停车场平面和竖向设计

（1）停车场的进、出通道，单车道净宽不应小于4m，双车道净宽不应小于6m，因地形高差通道为坡道时，双车道则不应小于7m。当车辆穿过建筑物时，通道的净高和净宽应大于5m。

（2）停车场竖向设计应充分利用地形，尽量减少土石方量。停车场宜设在同一标高上，如高差太大，亦可考虑把停车场设置在不同的标高平面上。

（3）停放车辆的纵向坡度应小于2%，横向坡度应小于3%。

6. 停车场内指示牌和引导系统设计

停车场内指示牌和引导系统应醒目，其结构、构造设置应安全；停车场还应用醒目的反光标线将客货车停车区分开，进出车道合理配置；在停车场出入口处应设置垃圾箱；宜种植常绿乔木以降低周边环境噪声。停车场内应用标牌标明区域，用标线指明行驶路线，停车车位应以标线划分、编号。

图2-46　某服务区夜间妇女专用车位

7. 保留停车位设计

保留停车位有无障碍停车位、夜间妇女停车位（图2-46）等。残疾人停车位，一般设置在邻近厕所的小客车停车场。为了方便轮椅进出停车位，每一个停车位一侧设宽不小于1.2m的轮椅通道，轮椅坡道宽度不小于1.2m，坡度不应大于1/50，残疾人停车车位应明显地标出其用途（图2-47）。

图2-47　某服务区残疾人停车车位明显地标出了用途

停车场和广场原则上不要有高差，当由于地形等限制，停车场与各设施用地间无法避免高差时，残疾人厕所要设置专用道（图2-48）。

图2-48　保留停车位坡道示意图

停车场基本上不适合铺设植草砖，一般植草砖是孔隙最小的植草砖，虽然不至于卡住娃娃车或轮椅的小轮子，但是使用起来有些不舒服，植草砖铺设在使用频率高的停车场还容易造成地下水和土壤的污染，如果采用铺设植草砖形式，可以在植草砖下铺设不透水层，将收集的地表水做污水处理后再排放。

### 2.4.2　服务区广场空间环境设计

服务区广场就像一个小城市的城市广场一样，通常表现为主要轴线上的块状用地，通过周围建筑的限定，形成相对完整的广场空间。服务区的广场空间具有组织交通的功能，是连接服务区内各项服务设施的纽带。服务区的广场空间承担交通枢纽、人流疏散、休闲等功能以及信息发布、商业活动、展览活动等功能。服务区的广场空间人流多、活动内容丰富，人流的集中或分散不可预测，时间也持续不定（图2-49）。

图2-49　京石高速徐水服务区为顾客提供的膜建筑休闲区

服务区还存在一些比较安静、小型的广场空间，比如只有几个小阳伞的小广场、报刊亭前的小广场，以及儿童活动广场。这些小广场的面积很小，旅客在此散步、闲聊，观看别人的活动。这类广场，相对要求环境比较安静，私密性强，可以种植一些灌木、设置一些座位和不太高的围墙等。

在高速公路服务区设计中相应放大广场面积，为各种活动留有可能的空间；注意交通空间与展示等空间的分隔。服务设施门前广场主要用于旅客分流，为防止高峰期停车场拥挤，门前广场要保证有足够的宽度，在服务区宜宽为20m左

图 2-50　某服务区内部公共空间设计

右，在停车区为 10m 左右。

1. 服务区广场的界定

服务区广场是由建筑物、道路和绿化地带等围合或限定形成的开敞的公共活动空间，按照形态可分为二大类，一类是以内部的空间为特征的、有限定的场地，场地有围合物、覆盖物所形成的空间场所或场地（图 2-50）。另一类是以外部的空间为特征的无限定的场所、场地，这种场所、场地是有围合物而无覆盖物所形成的空间场所、场地。从外观构成上看，广场是被有意识地作为活动焦点；通常经过铺装，被高密度的构筑物围合；有清晰的广场边界；周围的建筑与之具有某种统一和协调，有良好的比例。

2. 服务区广场的设计原则

（1）广场设计应充分利用高速公路沿线特有的自然景观，顺应地势，借景于自然环境，与周边场地紧密融合，与青山、碧水、建筑环境共同形成秀丽风光（图 2-51）。

（2）有效地组织广场内的交通，使广场人流组织高效便捷。

（3）广场设计必须从公众使用、生态绿化、服务区景观三方面出发，以满足公众需要为目的，并且要在一定程度上展现当地风貌和文明程度。

图 2-51　天福服务区广场

3. 服务区广场的功能和分类

广场的主要功能有交通、商业、交往、休闲、娱乐、观赏等内容。

以广场的使用功能分类：纪念性广场、交通性广场、商业性广场、文化娱乐休闲广场、音乐广场、休闲广场、庭院式广场、儿童游戏广场等。

以广场的空间形态分类：开敞性广场、封闭性广场。

以广场的材料构成分类：以硬质材料为主的广场：以混凝土或其他硬质材料用做广场主要铺装材料，分素色和彩色两种。以绿化材料为主的广场：公园广场、绿化性广场等。以水质材料为主的广场：大面积水体造型等。

按照广场的形式分类：规则型广场、不规则型广场（图 2-52 和图 2-53）。

图 2-52　宣堡服务区广场设计

图 2-53　连盐通高速公路如皋服务区圆形开敞广场

按照广场的地形分类：平面型广场、立体型广场。

（1）纪念广场

纪念广场是在广场中心或侧面以设置突出的纪念雕塑和纪念性建筑作为标志物，主体标志物应位于构图中心。广场通常具有很强的艺术表现力，以纪念历史上的某些人物或事件作为主题和背景。广场设计中应体现良好的观赏效果，以供人们瞻仰。广场应充分考虑绿化、建筑小品等，使整个广场配合协调，形成庄严、肃穆的环境。

（2）交通广场

交通广场是服务区交通系统的组成部分，交通连接的枢纽，起着交通、集散、联系、过渡及停车作用。由人行道与人流集散地、车道、交通岛、公共设施、绿化、照明等组成（图2-54）。

图2-54　天福服务区前的广场，具有车流人流组织的集散功能

（3）商业广场

用于贸易、购物的广场，或者以室内外结合的方式把室内商场与露天、半露天广场结合在一起，广场宜布置各种具有特色的广场设施。

（4）雕塑广场

雕塑广场是指以雕塑作为主体和中心。许多中外的著名广场都有以雕塑的名字来命名该广场的大量实例，许多优秀的雕塑广场成为服务区中心和主要标志(图2-55)。

图2-55　台湾清水服务区雕塑广场

（5）文化广场

文化休闲广场通常会有各自的主题，广场的活动内容主要是司乘人员休憩、交往和各种文化娱乐行为，因此具有欢快、轻松的气氛（图2-56）。

（6）休闲运动广场

服务区中，设计人员应考虑室外服务设施。随着私人车辆的普及，普通人利用节假日出行的越来越多，引进活动强度适中的健身设施，如秋千、按摩躺椅、踏步机等，使服务区演变为栖居的休闲空间。

广西南北高速公路黄屋屯服务区在设计中大胆地引进活动强度适中的健身设施，如扭腰机、踏步机等，设置于乘客密集停留之处，方便乘客使用。乘客在长期蜷缩车厢之后，利用适当的活动设施来使僵硬的四肢得以放松。图2-57为台湾东山服务区休闲场所。

图 2-56　台湾古玩服务区前广场

在设计中体现出对儿童群体的关注。在车内经过长途高速跋涉，到服务区后，人们都要放松自己，小孩子更是迫切要求下车跑跑，呼吸新鲜空气。在服务区内，只要有场所、有时间、有玩伴、有活动，游戏即可展开，儿童会在身边的环境中天生自然地创造各类型游戏，服务区拥有社会大环境中较宽敞的空间，应提供儿童多元的活动需要。

图 2-57　台湾东山服务区休闲场所

服务区设立儿童游乐场地，周围设置成人休息区。服务区的特点是人员流动性很大，时间很随意，因此在儿童看护方面家长都存在一定的紧张心理，希望能时刻关注到孩子的一举一动，而儿童的行为通常也是愿意在人员较密集的场所进行游戏活动。

在儿童活动场地，所有的景观小品应该有儿童的尺度，地面的铺设应该与其他场所有所区别，小椅子、小桌子、低矮的绿化，让儿童活动自成天地，同时在四周应该配置成人座椅，大人又可以很轻易地照顾（图 2-58 和图 2-59）。儿童游戏广场中的活动器械如图 2-60 所示。

图 2-59 所示服务区在位于 ETC 前广场设有儿童游戏区、大厅门口处及户外广场设有投币式投篮机等设施，供旅客活动筋骨。

4. 服务区广场空间等级体系

图 2-58　某服务区儿童游戏区的投币式投篮机

图 2-59　某服务区儿童游戏区

广场空间的外部交往空间主要指服务区内的各类广场、绿地、步行道、联系走廊、庭院等用地。研究广场空间的各种特性、层次性，创造多层次的广场空间从一定意义上就是安排其等级体系，区分其等级体系的大小，这些空间的大小不应是均质，而应是大小不一；要保证各个层级空间发挥不同的空间作用，如大广场具有的开放性，公众参与性：而小广场具有的私密性、安全性等。

对于作为交往空间的广场，设计时应考虑以下因素：交互渗透性、模糊性、人体尺度和领域归属感（图 2-61）。

交互渗透性：一般说来，服务区的室外空间的广场、绿地、道路、小活动场地（如儿童游戏）等，这些场所不应该有明显的分界线，相互之间应该有一定的过渡、交互空间。在不同空间的不会孤立闭塞，可以做自己想做的事，也可以有条件参与别人的活动，形成服务区的互动气氛。

模糊性：服务区内没有一个公共空间具有单一功能，在设计时，要给予这些场所更多的变化的可能性和灵活性。

人体尺度和领域归属感：交往空间的设计应注意对行为心理的深入分析、主要空间与周围建筑功能的关系，并注意花坛的高度、树木花草的季节搭配、不同场所的开敞性与封闭性设计。空间设计在实施后，成为中心集聚地，吸引人们停留。

5. 服务区广场景观要素设计

（1）地形设计

广场要顺应地形变化，一般采用平地广场形式；为了营造层次丰富的空间效果，也可有意识地采取坡地形式；如果土地地形起伏较大，可考虑立体式。

（2）绿化设计

公共活动广场周围宜栽种高大乔木，集中成片的绿地不小于广场总面积的 25%，且绿地设置宜开敞，植物配置要通透疏朗。

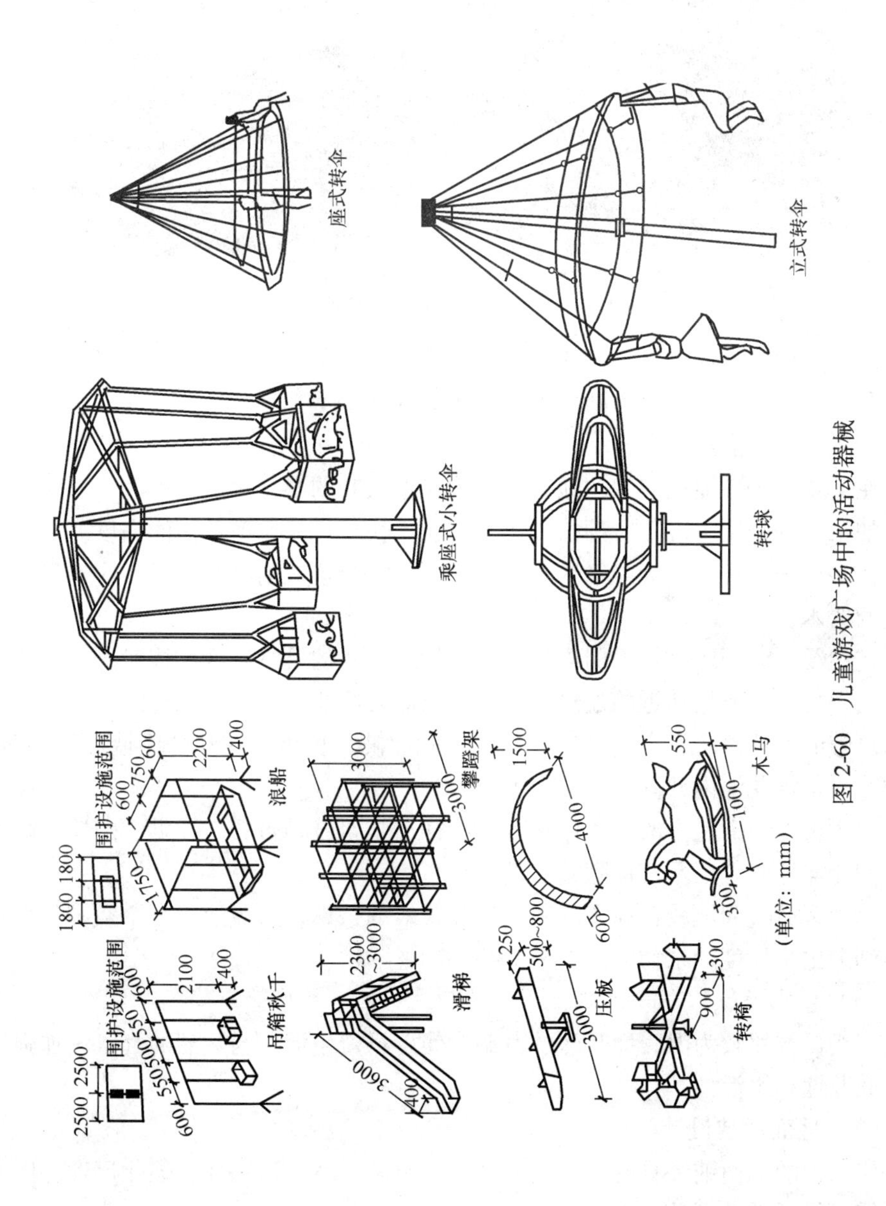


图2-60　儿童游戏广场中的活动器械

图 2-61 苏嘉杭高速阳澄湖西服务区

广场绿化应有利于衬托主体建筑，且具地方特色。

利用多样化的植物来提高并丰富使用者对于颜色、光线、地形坡度、气味、声音和质地变化的感受。

在需要看到其他亚空间的地方，应选择羽状叶的半开敞的树种。

如果广场必须下沉，所种植的树木应能很快长过人行道地面的高度。

在多风的广场中，为减轻浓密枝叶和大风混合造成的潜在破坏，应选择树冠开敞的树木。

在视线、树阴、维护方面应考虑到植物长成时的最终高度和体量。

利用树木来遮挡邻近的建筑墙体，如果需要应能让阳光照到建筑窗前。

足够的座位以防止人们坐进绿化区，从而破坏植被，花池的座墙应足够宽，以防止人坐进花池内部。

草坪设置考虑是否改变了广场整个特征，是否鼓励野餐、睡觉、阅读、晒太阳、懒洋洋地躺着以及其他随意活动。

草坪区通过起坡或抬高来改善休息和视线的条件，避免形成一个空旷的大草地，创造出小尺度的亲切空间（图 2-61）。

（3）色彩设计

广场可选用较为温暖而热烈的色调，使广场产生活跃与热烈的气氛，加强广场的商业性和生活性。

（4）地面铺装设计

广场中的地面铺装具有限定空间、标志空间、增强识别性、强化尺度感以及为人们提供活动场所的功能。

地面图案设计可以将地面上的人、植物、设施与建筑联系起来，以构成整体的美感，也可以通过地面的处理达到室内外空间的相互渗透。

在铺地方面要以硬质铺地为宜，尽量减少土路；在铺地方式、花样上应做更多的设计和变化，满足各种活动，不设置大型广告牌等视觉障碍。

（5）景观环境小品要素

景观环境小品的功能是点缀、烘托、活跃环境气氛、供游赏以及为人们提供休息、识别、玩乐、洁净等使用功能。

小品主题要符合广场的氛围：纪念性广场要控制环境小品的数量，以简洁、稳重、肃穆的风格为主；商业广场应追求活跃的气氛，造型和色彩也要体现商业氛围。

小品的摆放位置要充分结合人的行走路线和空间的组织，切忌随意摆放（图 2-62）。应尽量面对主要人流摆放，还可以与绿化设施组合，形成趣味空间。

6. 服务区广场景观设施

小品设施。舒适的座椅可以歇脚，干净的水源解渴，绿色清新的树林活动筋骨，背部安全可靠，绿化园林避开车流、隔离噪声；雕塑小品吸引驾乘人员的审美欣赏。广场开敞的场所空间设施满足人身安全和心理安全，满足人们的交往需求，激发互不相识的人随心攀谈。

图 2-62　服务区垃圾箱位置适宜、实用，又作为景观小品，美观大方

绿化设施。广场绿化以广场面貌和人体尺度为设计出发点，通过对广场环境的整合来体现生态宜人性。绿化主要以灌木和乔木为主，采用观赏性树种，并适应当地的土壤和气候特征。阴性与阳性、常绿与落叶合理配置，疏密有致，形成一个春季嫩枝香浓、夏季花繁叶茂、秋季果丰叶红、冬季傲立冬雪的动态美丽画卷。门前广场以灌木绿篱、草坪、花卉、大树形成立体交叉的绿化格局。休闲广场以灌木绿篱形成图案、以花卉形成色块、以乔木成林，林荫树下有草坪，适当点缀文化小品，如喷泉、水塘、假山等形成公园式绿化格局。

环保设施。服务场地排水和污水排放各自形成独立的系统，不能混用，污水处理要达国家一级。环保设施要简易适用，便于操作，对于高科技、高技术设施要考虑从业人员的业务培训。

信息、情报、监控设施。在服务区适当位置设置监控设备、可变情报板或大屏幕投影，24h 监控服务区广场，保障人、车安全，及时发布道路和交通信息，有偿发布高速客运、车站客流信息及有关广告等。

7. 服务区广场空间无障碍设计

服务区无障碍环境设计以安全、可及、可用和便利作为规划设计原则，期待提供所有使用者公平均等的服务机会。无障碍环境建设，是为残疾人提供必要的居住、出行、工作和平等参与社会的基本保障，同时也为全社会创造了一个方便的良好环境，是尊重人权的行为，是社会道德的体现，同时也是一个国家、一个城市的精神文明和物质文明的标志。无障碍环境设计所针对的受众对象有残疾人、老年人、幼儿及体弱的伤病人等，对于不同的群体有着不同的要求。高速公路服务区的受众对象来自不同的年龄、职业以及各类有特殊服务需求的群体。由于人们在服务区内大都为短暂的停留，因而如何快捷、全面、周到地为司乘人员提供服务，便显得尤为重要。

在停车场与建筑设施、绿地之间应设置广场和通道，考虑残障人士活动，原则上不要有高低差，由于地形等限制，不得已在停车场和各种设施之间有高低差时，应设置斜坡道，满足无障碍的设计要求。广场边缘设置一些休息座位，座椅、小桌、垃圾箱等建筑小品的设置要尽可能使轮椅使用者容易接近。

道路路面要防滑，且尽可能做到平坦无高差、无凹凸。如必须设置高差时，应在20mm以下。路宽应在1350mm以上，以保证轮椅使用者与步行者可错身通过。纵向坡宜在1/25以下，坡长超过10000mm时，应每隔1000mm设置一个轮椅休息平台。台阶踏面宽应在300～350mm，级高应在100～160mm，幅宽至少在900mm以上，踏面材料要防滑。坡道和台阶的起点、终点及转弯处，都必须设置水平休息平台，并且视具体情况设置扶手和照明设施（图2-63）。

图2-63　东庐山服务区入口坡道便于使用，而且其位置不妨碍视觉障碍者的通行

### 2.4.3　服务区场地道路设计

道路是服务区空间环境的主导性构成要素，它连接建筑群及节点，构成整体秩序，成为服务区空间环境形态的骨架；服务区道路又是其内部各功能体的联系渠道，是贯穿场区的动线，是取得整体秩序的最有力的手段。服务区场地利用道路的布置，划分功能，明确分区，将为车服务的设施和为人服务的设施分开布

置，避免车流线与人行线交叉，以利于安全和营造休息环境。道路在满足车行条件下，应结合自然条件及建筑物的布局，因地制宜地确定路线具体方向及位置。道路布置可采用环行的道路布置形式，一则满足场地的消防规划要求，二则有效地组织场地内的交通。在停车场外围行驶的主要通道应为单向通行；主要行车道不应直接连接到停车车位上，也不应直接导向综合楼的出入口处。

道路的设计不只要考虑交通流量的因素，还要考虑人的空间感受。如路边作为休息场所，在道路的人行道区设置一些座椅，种植一些灌木，营造亲近自然的环境，使得室外道路的层次丰富，空间感受也更加宜人。人步行的主要通道，是活动交往的重要空间，要求曲径通幽，要求私密一些曲折一些。

场地内交通流线分为：外部停车交通流线、内部休息人流交通流线、内部管理车辆流线。内外流线应严格区分，防止不必要的穿越及外部车辆由内部管理区逃票现象的发生，同时让乘客有一个幽雅的休息环境。

服务区的道路行车路线应按主、次车道分开，主干车道宽度不小于 8m，次车道不小于 4.5m。

道路的设计应选择合理的曲线半径，解决好直线与曲线的衔接。在道路转折处线形应采用圆曲线，应保持一定的行车视距。

半拖挂车转弯半径不应小于 24m，大型车转弯半径不应小于 18m，小型车转弯半径不应小于 12m，服务区出入口行车道转弯半径不小于 24m。对于各种车辆混合的车道，应以最大型车辆的转弯半径为准。

道路的纵断面设计要求线型平顺，尽量减小工程量，并保证道路及两侧建筑用地的排水要求和满足地下管线的敷设要求。

道路的纵坡应能适应路面上自然排水，纵坡值应根据当地雨季降水量大小、降水强度、路面类型以及排水管直径大小而定，一般介于 0.3% ~0.5% 之间。

停车区、加油区和维修区地面应采用水泥混凝土路面结构形式；路面结构推荐采用：28cm 厚水泥混凝土面层、20cm 厚水泥碎石基层、20cm 厚未筛分碎石底基层，应符合《公路水泥混凝土路面设计规范》（JTG D40）的要求。

1. 匝道设计

匝道处入口在服务区空间中承担着交通导向功能，是一种能联系上下空间的过渡性空间，它具有一种引人向上下前后的诱导性，暗示出上一层或下一层空间的存在，自然地把人流由底（高）或前（后）处空间引导至高（底）或后（前）处空间。进出匝道是连接高速公路与服务区的交通缓冲纽带，应有足够的减速或加速距离。

在服务区场地中，由于功能、地形或其他条件的限制，可能会使服务区场区空间所处的地位不够明显、突出，不易被司乘人员发现，匝道口通过路面标志和标线的指示作用对车流引导和暗示，使司乘人员循着一定的途径到达服务区。路面标线要显明易辨，符合标准，并与变速车道标线连续、顺适。

在规划与设计匝道时，要充分考虑在匝道和变速车道上汽车速度的变化，以便汽车行驶安全。要求尽快安全减速，场地内的道路应平坦坚固、宽度适宜、坡度平缓、线形流畅、经济合理。车辆从快速道到匝道上，为适应服务区停车场内变化多端的行驶状态，我们在规划和设计匝道时，要注意其几何构造必须是引导汽车自然顺畅地从主线进入停车，或者从停车场驶入主线，以保证行驶的安全；同时，从匝道至贯穿车道之间，最好设计成能够识别出停车场和各种设施布置情况的良好通视的线形。

出口三角区分岔端部要显明易辨，便于司机在变速车道之前就能识别出口分岔而及时减速。三角区必须有显明的路面标线，设置交通标志。分岔端部应用斜式缘石围成半圆形，其半径可采用0.6～1.0m。端部缘石以外适当宽度，最好做成平缓地面，并避免设置刚性设施，以防汽车一旦冲出缘石之外而不致造成重大损失。入口三角区的流入角应尽量采用较小交角，即汇流尖端尽量拉长。一般在匝道出入口附近30m范围内不得植树或有阻碍司机视线的阻碍物，以保证视距。

2. 贯穿车道设计

贯穿车道又叫穿行车道，是指把匝道与区域设施连接起来、不经过停车场可迅速通过服务区的道路。常张高速桃花源服务区紧靠主线外侧设置贯穿车道。在停车场外围行驶的贯穿车道最好是单向通行，尤其是同大型车停车场相连接的贯穿车道，最好是单向通行。宽度规定为4.5m，但当条件有所限制时也可采用双向车道。

1）在服务区中主要贯穿车道不得直接接在停车车位上，也不要直接导向休息区的出入口处。在停车区中，接着贯穿道路设置停车车位的行车宽度必须有供停车调头所需要的宽度。车辆进入停车车位或者停车区之间的车辆回转时需设计回车车道。

2）通过停车场内的贯穿车道允许采用对向车道，在停车场内不要考虑很严的交通规则，应该有某种程度的行驶自由。交通岛按照所需的最低限度设置，在不同速度相接触的部分应尽量少设交通岛。

3）在服务区里配备有养护管理用的车辆时，为使其能够顺利地进行工作，在服务区有必要设置上下线的联络道，附近有跨线桥或涵洞时，应尽量利用这些设施。

4）对于停车区的单向车道，其平面线形、纵断线形以匝道的设计速度30km/h的数值作为标准，也可以将贯穿车道与停车场总体设计相一致，使之与停车场的纵、横坡度一致。

3. 服务道路设计

服务专用道包括匝道、穿行车道、上下行联络道及服务用道。原则上去加油站、维修站的车辆，不要经过停车场，应由匝道、穿行车道直接通过。为便于上、下行服务区联络和执行养护公务，在主线下方应设涵道，限高2.2m。由于餐厅、超市、加油站等商业设施中，商品材料的调配、垃圾处理以及工作人员居住等都依靠邻近的城市，这些通勤如果都利用主线往往不便，在时间和经济上将存在很多困难，最好有直接通往城市的专用服务道路，要设置营业设施的工作人员的停车场以及装卸食品等货物的空间和工作场所。专业停车场的规模，要保证在服务区可停放10~20辆汽车，停车区可以停放3~5辆汽车的场地，面积为50~150$m^2$。其位置在食堂背后，与服务区道路相通。

# 第3章　高速公路服务区环境景观设计

## 3.1　服务区景观设计基本认识

1. 服务区景观含义

景观是指具有特定的结构功能和动态特征的宏观系统，通过视觉、感觉对景观产生生理及心理反应，形成“舒适性”综合效应。景观同时呈现人对环境的影响以及环境对人的约束，是人类文化与自然的交流和融合。

高速公路服务区依赖自然环境，具有自身形态功能、组织结构的同时，又蕴含一定的社会、文化、地域等涵义，具有供旅客和司乘人员休息、购物、观赏、娱乐等功能，集自然属性和社会属性、功能性和观赏性、实用性和艺术性于一身，是服务区与周围景观共同构成的景观综合体系。

从视觉上，高质量的服务区景观规划，使得整洁有序、风景优美的服务区给人以赏心悦目的感觉。从感官上，高速公路服务区景观规划应充分理解旅游者的行为特点，给其以人性化的关怀，在功能设计上的完善，能够大大提高司乘人员的工作效率以及减轻旅途的疲劳。从旅游的角度，旅游和交通历来有着紧密的联系，高速公路服务区给沿途旅游资源的开发，提供了良好机遇，是地方文化的一块招牌。从社会经济发展的角度，高速公路服务区作为展示地方特色的舞台，不仅可以带动服务区的经济发展，同时也可以带动周边经济，吸引投资。

如在美国，沿着穿过硅谷的最主要的公路101号公路行驶10min，会经过很多家大公司：西斯科系统公司、英特尔公司、太阳微电子公司等，它们的成功与整个高速公路系统有着密切的联系。

2. 服务区景观设计的发展

我国高速公路服务区设计及建设处于起步阶段，环境设计尚没有引起足够的重视。在设计文件中，环境设计仅限于植树、种草，虽然对于一些重要位置提出了一些环境方面的设计要求，而没有进行详细的环境景观设计。承包商在施工过程中，由于缺乏较详细的环境设计图和明确的施工要求，往往只重视主体工程的施工，而忽视环境的保护及改善。因此，虽然高速公路服务区建成了，但是从美观性方面、从与周围环境结合协调方面，与发达国家相比尚有较大的距离。随着我国高速公路的大量修建，人们生活水平、文化素质的不断提高，对环境美化的要求将越来越高，高速公路的环境设计将受到越来越多的高度重视。

高速公路服务区不仅通过简单的植树种草来完成其环境的绿化效果，吸引驾驶人员游览和休息，消除在旅途中的疲劳，更是通过绿化设计来提高行车的安全性，向建设多功能的景观生态型服务区方向发展。服务区景观设计吸收景观生态学的思想、原理、观念以及实质内涵，与公路绿化一起形成多功能、多层次、多观赏效果的生态绿化体系，创造融环保、生态、景观观赏、绿化、美化、香化、净化等多功能以及民族文化和地区特点为一体的各具特色的景观生态模式。

景观环境艺术审美观包括村落田园审美观、极简主义审美观、景观生态审美观。景观设计简约的理念包括设计方法的简约、表现手法的简约、设计目标的简约。

服务区景观艺术设计风格不再拘泥于明显的传统形式与风格，也不再刻意追求繁琐的装饰，而是更加提倡设计平面布置与空间组织的自由、简洁、明快和流畅。在形式创造方面注重设计手法的丰富性，以奇思妙想求得变化与统一，并追求良好的服务或使用功能。

## 3.2　服务区景观设计理念

（1）尊重场所，因地制宜，突出地方特色

尊重场所的设计是对场所过程的有效适应和结合，保留对场所设计途径有积极影响的元素，对场地原有的人文、自然景观进行维护、改造和艺术化处理，使之与场所既定的设计目标前进过程相协调。

高速公路服务区所在之处的地理、地貌、气候气象或城市空气环境有其独特性，服务区与特定地形、地貌的配合成为景观设计要重点考虑的方面。生活在不同地区的人群有不同的文化传统、风俗习惯及审美观，驾驶人和旅客的求知欲在欣赏地区特有的自然景观，品味地域特色文化，领略当地特有风貌的过程中得以满足。

服务区一般位于城市之间（也有旅游点之间的），跨地区、跨地域特点十分明显，充分地配合周边的具有地域特征的空间环境和人文环境，使服务区景观有机地融于环境，使为人熟知的环境空间与充满寓意的服务区蕴生出的美感更具意义，其深层次的意义在于这种景观更新中的继承与发展的理念使其具有景观纽带作用。

（2）关怀人性

人性化设计首先要与人的生理需求相一致，构筑一个让使用者生理舒适的环境；其次，人性化的设计应该塑造安全的使用空间，包括生理上的人身安全和心理上的感知安全，如人行道空间的设计应该让行人远离机动车辆的威胁，座椅的设置让使用者感到背部安全可靠，需求私密的使用者能找到避开人流、隔离噪声的安静角落。另外，人性化的设计还必须满足人们的社交需求，即特质的场所空间激发互不相识的人随意地攀谈和自然地停止谈话，如造型独特的公共艺术品通常可以引起人们的共同关注，优美、宜人的自然环境能消除人的戒备心理，使人们心情放松，促进随意交流。

（3）人文景观与自然景观的协调性，与自然环境和谐共生

人类从自然中来，在潜意识中，始终存在着“返璞归真”的愿望。在服务区景观的构成因素中，自然景观空间分布广阔，随季节变化性明显，是服务区景观的主题，它决定了服务区景观的基调。驾驶人和旅客要欣赏的是服务区景观的自然性和原始性，任何喧宾夺主的非原生景观均会对自然的主题造成破坏，形成视觉和心理污染。服务区使用者对服务区景观的整体意象，是对服务区自身景观和其周边人文、自然景观的分别意象，以及对其间关系的联想所组成的具有统一情感激发作用的系统。人文景观与自然景观的协调关系，以及服务区自身景观与其周边景观的相互依存关系，使服务区自身景观的营造不应求“新”，而应求“融合”。

景观设计就是在考虑使服务区具备固有功能的同时，需考虑使服务区与周围环境相协调，以减少“建设性景观破坏”，提高其美学价值和文化价值，同时考虑给司乘人员在心理上带来的舒适感。总体景观要弱化人工痕迹，过渡自然流畅，局部设计既有特色又相互呼应，同时与整体景观相融合，以亭、石等小品以及灯光、植物、造景点缀而成，并引导司乘人员观赏原有的旅游资源，提高环境质量。

图 3-1　法国某服务区景观图（一）

图 3-2　法国某服务区景观图（二）

图 3-1 和图 3-2 为法国高速公路服务区景观图。该服务区将道路、停车场、建筑以外区域的原生树木都予以保留，尽量融入自然。

（4）兼顾效益

高速公路建设的目的就是为了发展经济，提高社会生产力，其经济效益和社

会效益不言而喻。但在建成后能否最大限度地发挥环境效益，则是贯穿于工程项目从可行性分析、报批立项、勘察设计、施工过程、后期养护管理等全过程，是需要认真对待、全面调查、仔细分析的重要内容之一。

（5）时代性

时代性有一层重要含义是“新”，如新事物、新发展、新现象、新景观、新知识、新文化、新科技等均可表达出时代寓意。服务区建设技术的科技特征及结构技术的不断更新是使服务区景观产生深刻时代烙印的主导因素。由于公路在城市中的战略性地位，而服务区又是高速公路产业经济的重要“窗口”，使服务区景观成为城市中的视觉识别要点，这就使服务区景观对时代的表述延伸至城市。因此把握好服务区景观的这种特点并恰如其分地在城市中发挥是我们在服务区景观设计中需要重视的问题。

## 3.3　高速公路服务区景观构成

### 3.3.1　服务区环境景观的功能构成

（1）使用功能。使用功能是景观环境设施能够被人所感知的客观存在，可以直接为人类提供便利、安全、保护、信息交流等方面的服务。

（2）精神功能。根据人在某一处所中的情感需求、审美能力、文化水平、地域或民族特征等方面进行分析和设计，是人们身处景观环境之中能够获得多方面的精神满足。

（3）美化功能。景观环境设计作品具有审美特征，使人产生美感，具有美化功能。景观环境的美化功能主要体现在视觉的形式美方面，它主要是通过其自身的形象来表达意念、传达情感。

（4）安全保护功能。对其周围的生态环境进行有目的性的保护，避免人们在活动时给周边环境带来人为的破坏，通过景观环境的设计防止周边环境给人们带来的自然危险。保护功能所采取的主要方式有阻拦、半阻拦、劝阻和警示四种具体表现形式。

（5）综合功能。景观环境的功能构成，都不会以一种单独的功能来出现，它要同时把与之相关的功能进行有序的结合，目的是满足人们多方面的需求。

### 3.3.2　服务区景观环境形成的基本条件

（1）地理位置和周边环境条件。如区位、交通、建筑、日照、方向、污染源、噪声源、水源、食物、能源、土地、气候等条件。

（2）自然资源条件。合理利用自然资源，降低对自然界的干扰，保护自然生态。如太阳能、风能、地热能及降雨等，使其能够服务于服务区的景观环境。

将绿化系统与服务、交通等有机结合，保持大气成分稳定、调节气温、增加空气湿度、净化空气、降低噪声指数。

(3) 人的视觉条件。在正常的光照条件下，人眼距离观察物体25m时，可以观察到物体的细部；当距离为250～270m时，可以看清物体的外部轮廓；而到270～500m时，只能看到一些模糊的形象；远到4000m时，则不能够看清物体。人的视角范围可形成一个扁形的椭圆锥体。

**3.3.3 服务区景观环境要素构成**

广义服务区景观环境构成要素有人、自然环境、生物环境、物质环境、社会环境。狭义服务区景观环境构成要素有服务区建筑、道路、广场、绿地、花园、停车场等。

服务区景观环境要素按客体构成要素分为自身景观、自然景观和人文景观。

自然景观又称自然构件，指非人力所为或人为因素较少的客观因素，如动物、植物、自然地貌、天象、时令等；自然景观主要有天然形成的地形、地貌（如平原、山区、草原、森林、大海、沼泽）、植物景观、动物景观、水体景观以及四季气象时令变化带来景观，自然景观也称生态景观。

人文景观又称人为构件，指人们根据需要而人为创造的人工因素，即服务区周边的风土人情，周边人类用自己的智慧和双手创造的各种社会、民族、宗教、文化、艺术等特殊景物，如城镇、村落、水域等。

自身景观，包括服务区道路、喷泉、建筑、交通、绿化等。

**3.3.3.1** 景观环境的形态

景观环境的形态是由景观元素所构成的实体部分和实体所构成的空间部分来共同形成的。实体部分有建筑物或构筑物、道路（地面）、广场、停车场、园林、绿地、水面、设施等。建筑景观指集中活动区建筑物和周围环境的整体配置与构件。设施包括地面设施、踏步与坡道设施、休息设施、拦阻设施、照明设施、服务设施、娱乐设施、广告设施、园林景观设施（地形景观、水景观、石景观、绿化景观）等。

**3.3.3.2** 地形要素

地形是地表的外观，可以是自然的，也可以是人工营造的。按照形态特点，地形可以分为平台地形、凸起地形、山脊地形、凹形地形和谷地。

**3.3.3.3** 气候要素（微气候）

环境景观设计中，要充分考虑并合理利用阳光、风向、下垫面等因素，创造宜人的微气候，提高室外环境舒适度。

(1) 阳光。在寒冷多风的冬季需要温暖，在炎热夏季需要遮阳和通风，活动场地的南面和东面选择落叶树木，北面和西面选择常绿树木。

（2）风向。通风降温与构筑物户外场地的正确朝向相结合，创造出利用空气流通来制冷的被动式微气候，利用座椅、小径、凉亭、藤架、游廊等对空气进行引导、集中和加速。在冬天避免隐蔽的空间和高风速的地方。

（3）下垫面。下垫面会影响微气候环境，表面植被或硬质地面都直接影响人们的舒适程度。砖石、混凝土、瓷砖铺地都能吸收和蓄存热量，然后从铺地材料中辐射出来，寒冷地区硬质铺装有助于加热空气，炎热地区自然地被植物比裸土和硬质地面反射率低，因此炎热地区多使用树木、灌木、草坪。

**3.3.3.4**　基面要素

地面覆盖材料有铺装、水体、植被层，可以获得各种各样的效果，在所有铺地要素中，铺装材料是唯一硬质结构要素。

1. 硬质地面

（1）硬质铺装作用

增强耐用性。适用于长期磨损，承受更多踩踏，不需要较多维护，使用不受气候限制。

诱导和指示方向的作用。带状、线性路面，指引前进方向。

暗示速度和节奏。铺装路面越宽，速度越慢，路面较窄，只能一人前行，几乎没有停留机会；粗糙难行铺装材料，减慢速度，狭窄路面，平坦铺装，利于快速行走。节奏包括人的落脚点和步伐大小，两者都受到铺装材料的间隔距离、接缝距离、材料差异、铺地宽度等因素的影响。

提供休息场所。铺地采用无方向性，不具有引导的形式，具有静态的稳定感，使人产生停留的感觉。

划分地面用途。通过不同铺装形式、颜色、材料暗示空间不同用途和功能（图 3-3）。

图 3-3　服务区通过地面的不同铺装、高差以及标线区分不同区域

影响空间比例感觉。铺装形式取决于铺装的材料、颜色、组合方式，并且会影响空间的比例感，形式宽阔，空间感觉空旷，形式紧密，空间感觉亲密。

统一空间作用。不同景观要素可以通过铺地联系，此时铺地不可过于夺目。

背景作用。作为雕塑、盆栽、陈列、座椅等背景，此时铺地式样、色彩、质感、组合等不可过于夺目。

创造和加强空间个性的作用。暖色铺装温暖，冷色铺装凉爽；砖块铺装温馨，石板地面古老，水泥地面冷清，不同铺装带来不同空间情调。

创造视觉趣味作用。独特的铺装方式不仅可以引人注目，还可以创造独特的地方色彩。

（2）硬质铺地设计原则

统筹考虑功能和视觉美观的需求，用材种类不宜太多，尤其是在有限区域内，否则易造成混淆迷惑的感觉，可以用主要材料贯穿整个设计的不同地点，建立统一性，其他材料作为对比，形成视觉多样性。

（3）硬质铺装材料的种类

硬地面可以分为坚实基层的平板地面和砌块地面。坚实基层的平板地面有现浇混凝土地面、沥青地面、水磨石地面等。砌块地面有陶瓷面砖地面、木铺面地面、大理石、板岩和其他石材石铺面等。现浇混凝土地面是永久性地面中铺面材料最便宜的地面，水: 砂: 石子比例为1: 2: 4。陶瓷面砖不受冻，铺砌时要用1: 1至1: 3 水泥砂浆和防水外加剂沟缝，用于台阶、水池周边。水磨石地面有饰面板和现场浇筑两种。木铺面地面的材料有枕木（赤桉木）、花旗松、落叶松、橡木、柚木等，要做防腐处理。

2. 柔性地面

（1）软地面。景观中最为流行的软地面是草地，对于大量行人或重型交通车辆对地面的践踏破坏，可以采用增强草地的基层做法来维持地面功能。

（2）砂地面。砂是铺设游乐场的理想材料，但要提供有效的排水措施，游乐场可选用洗后不含多角的碎砂。

（3）粗砾地面。粗砾是最便宜的铺设材料之一，有天然原砾石、豆砾石。用于植被毁坏或铺上刚性铺面看起来不恰当的地方，铺粗砾在平顶屋作为防晒垫层，用倾斜的粗砾石象征波浪；在房屋外立面墙边铺设防溅带，公园小道、草地、停车场的支线等。

（4）砾石地面。在砾石层上补充植被后得到软面层的性质，要比采用混凝土或石板类硬地面优越。砾石地面色彩有米黄色、棕褐色，用于车道、人行道、坡道及排水沟。通道的宽度大于 1m，应有一个横向坡度，通道的宽度大于 3m，应有1:30或1:40 纵、横双向坡度，地面两侧边缘可用木枋、花岗岩石块做边缘。

（5）卵石地面。最早采用的地面材料。来源砾石场。筛选直径 25 ~ 75mm 卵石。一般卵石、基体和石填料总厚度 200mm，面上洒水。卵石地面通常认为是一个障碍性地段，不利于行走和行车，主要用于将车行道和相邻建筑分隔开，难以覆盖植被的地面，房屋檐下阴影处组织装饰图案，以及护树铺面，阻碍人、车靠近。

（6）花岗岩方石。有防滑面，扇形铺设能承受车轮压力，花岗岩方石铺设的宽缝可用草籽结合。

（7）砖和砌块铺面。采用黏土制品或混凝土制品作为铺面的铺砌材料，坡度最小1∶40。

（8）蜂窝状铺面。类似混凝土砌块表面，呈蜂窝状，有利于草丛植被生长，用于强化草坪地面，可以用做临时交通区和停车场。

**3.3.3.5**　围护要素

1. 建筑物、构筑物的立面

建筑与外环境空间的关系，可以分为以下几类：

（1）建筑四面围合而形成的中心开敞空间，这个空间在与其相连的环境中占有主导地位，是主要的聚集场所，由单体建筑围合而成的内院空间，是其中一个特殊例子。

（2）建筑两面或三面围合形成的定向开放空间，三面围合的前庭空间，在营造入口广场空间上是最佳的表现；两面围合出来的角落空间，可以表现出闹中取静的别种风情。

（3）建筑组团平行展开形成的线性空间。

（4）以空间包围单幢建筑形成的开敞空间。

（5）大片经过处理的地带，远离建筑又不同于自然的空间。

2. 独立墙面

指外环境中限定空间的垂直界面，以区别于建筑中的墙体。独立墙面在外环境中创造了分属各种领域的空间，使外环境的功能更好的实现（图3-4）。

（1）独立墙面的要素。有围墙、栅栏、照壁、栏杆、钢丝网和绿篱、树丛、台阶等。

（2）独立墙面的形态。按墙的位置有前有后，或是在重叠，还有高墙、矮墙、曲墙、直墙、折墙等。

（3）独立墙的功能。

制约空间：30cm高独立墙勉强达到区别领域的程度，无封闭性，作为憩坐或搁脚的高度；60～90cm高墙，视觉上有连续性，没达到封闭的程度，作为凭靠、休息的尺寸；120cm时，身体大部分看不到，产生一种安全感，视觉上仍有连续性；150cm时，产生相当的封闭性；180cm时，人完全看不到，产生很强的封闭感。

图 3-4　台湾关西服务区独立墙面设计

屏蔽视线：180cm 厚实墙体，视线封闭效果最佳，用于停车场周围、交通干道两侧或不悦目的设施周围。视线通透但又不能完全穿过墙体，屏障还可以使用镂花墙、栅栏，虚实变化，大小明暗相互作用，趣味无穷。

分割空间：将相邻的空间彼此隔离开来。

调节气候：可以最大限度地削弱风和光带来的影响，一般布置在建筑物或室外空间的西侧和西北。

休息座椅：独立墙不仅可以装饰和分割空间，还可以作为人们休憩的座椅。

视觉作用：独立墙面可以成为雕塑、植物的中性背景；可以形成视觉趣味；在环境中统一其他要素等。

3. 台阶和坡道

台阶和坡道是环境景观中的重要要素（图 3-5 和图 3-6），梯面和踏面之间的比例关系是设计安全性和舒适性的关键因素。室外台阶比室内台阶尺寸稍大一些；雨雪天多，台阶要宽阔平缓些。

台阶和坡道常常并用，台阶用于步行、停留和雨天易滑的地方，坡道供自行车、婴儿车、轮椅使用。

**3.3.3.6**　小品设施要素

环境景观中除了上述几类要素外，还有为人们提高方便、安全的各种设施和小品，它们的位置、体量、材质、色彩、造型都对环境的整体效果产生影响，直接反映环境的实用性、观赏性和审美价值，是环境构成的重要因素（详见本书第八章）。

图3-5　台湾关西服务区的台阶和滑梯

图 3-6　台湾关西服务区的台阶、坡道景观

### 3.3.4　景观空间分类及构成

景观空间按照组成部分分为：空间界面、空间轮廓、空间线形、空间层次。

按照景观空间构成分为：底界面、侧界面、顶界面，共同决定了空间的比例与形状。

根据景观空间领域的使用性质分为：开放空间、半开放空间、私密空间。

按景观空间在形体环境中的位置来划分为：地面公共空间、地下公共空间、空中公共空间。

任何复杂的景观环境形态，只要对景观环境形态进行分解简化，都可以得到点、线、面、体等基本的构成要素。

景观环境的时间尺度。尺度的研究包括空间和时间两个方面，在中国园林设计中所追求的“步移景异”、“得景随机”就是将时间与空间进行相互转化、相互渗透。随着社会发展和时代变迁，人们欣赏景物的习惯也发生变化，古代更多的时间是在静态地观赏景色，现代更多的是动态地欣赏景物。

景观环境的空间尺度。人们感受空间的体验，主要是从与人体尺度相关的空间开始的，空间的尺度感主要反映在平面尺寸和垂直尺寸两个方面。人们对空间的心理感受是一个综合性的心理活动，不仅体现在尺度和形状上，而且还体现在与空间的光线、色彩及装饰效果上。

地域性要素。一个地区自然景观和历史文脉的总和，包括气候条件、地形地貌、水文地质、动植物资源、历史资源、文化资源和人们的各种活动以及行为方式等。

景观的色彩与质感。通过色彩变化来产生某种心理共鸣及联想，从而增加景观环境表现力。质感是通过材质的天然色彩来展示魅力的。

景观美学包括点线面、对称均衡、重复变化、节奏韵律、多样统一、对比与协调、比例与尺度、抽象与具象。景观美学是与艺术、功能、科学三个方面紧密联系的，相辅相成，缺一不可（图 3-7）。

图 3-7　服务区景观通过色彩与质感设计，增加了景观环境表现力

景观艺术风格按发展阶段主要有传统风格、现代风格、后现代风格、自然风格、混合型风格等。按地理位置分主要有中国传统园林、西方园林风格等。

影响艺术风格的因素分外因和内因，外因包括地理位置、气候物产、风格习惯、民族特性、生活方式、文化潮流、科技发展、社会体制、宗教信仰等，内因包括个人或群体的设计构思、设计者的专业水平、艺术素养等。

## 3.4　服务区的景观规划设计内容

高速公路服务区的景观规划总体上包括视觉景观形象、环境生态绿化、大众行为心理等方面的内容。这三个因子相辅相成，缺一不可，共同组成良好的高速公路服务区的景观环境。

视觉景观形象带给人的是最直接的感官刺激。它是从人类视觉形象感受要求出发，根据美学规律，利用空间实体景物，研究如何创造令人赏心悦目的环境形象。这一点是基于景观美学理论研究基础之上的。

环境生态绿化是随着现代环境意识运动的发展，而注入景观环境设计的现代内容。主要是从人类的生理感受要求出发，根据自然界生物学原理，利用阳光、气候、动植物、土壤、水体等自然和人工材料，研究如何创造令人舒适的良好的物理环境。这一点是基于景观生态学的基础之上的。

大众行为心理是随着人口增长、现代多种文化交流以及社会科学的发展而注入景观环境设计的现代内容。主要是从人类的心理精神感受需求出发，根据人类在环境中的行为心理乃至精神活动的规律，利用心理、文化的引导，研究如何创造使人心神愉悦的精神环境。这一点是基于景观社会行为学的理论基础之上的。

景观设计内容包括：服务区景观的性质、景观特色、规划范围以及功能分区、景色分区、地形设计、建筑布局、道路河湖系统、绿化配置及技术经济指标的确定。

## 3.5　服务区景观规划与决策

服务区景观规划就是在较大范围内，为满足服务区使用目的而安排最合适的地方和在特定的地方安排最合适的利用方式。通常在制定规划时，考虑服务区景观状态如何描述，包括服务区景观的内容、边界、空间、时间、使用方法、使用语言；景观的功能，即景观是如何运转的，各要素之间的功能关系和结构关系如何等。景观规划遵循整体系统原则，处理和协调人、自然、环境三者之间的关系，应实现物种、建筑、文化景观的整合性以及生态系统的多样性（图 3-8）。在规划中实施决策导向和多解规划。

图 3-8　随州最新高速公路服务区

规划中的视觉流程根据视觉体验分为：视觉认知阶段、视觉体验阶段、视觉感知阶段。

（1）分析景观区域场地的朝向和风向，开辟和组织景观区域的风向通道与生态走廊；

（2）考虑景观环境中的建筑单体、群体、园林绿化等对于阳光和阴影的影响，规划阳光区和阴影区；

（3）最大限度地利用景观区内场地作为景观环境用地，甚至可将建筑底层架空使之用作景观场地；

（4）发挥景观场地周围环境背景的有利因素，或是远借山景，或是引水入区，创造山水化的自然景区，创造青山绿水中的风水宝地。

## 3.6 景观规划设计构思

景观规划设计包括景观、功能、生态环境、空间布局等方面的初步思考策划。主要有：

（1）系统有机的整体设计。包括场地规划、景观规划、建筑规划等各领域的交叉融合；规划设计的过程一体化，各专业工种之间的相互配合；规划设计主体广泛化，包括业主、设计方、公众共同参与。

（2）用地背景与景观风格定位。如何在本区域建设中体现建筑与自然生态的和谐共生，展示可持续发展理念，并结合区域特色，进行设计定位。某高速公路服务区选址区域内自然环境良好，风景幽深秀美，是国家5A级风景区。服务区环境设计为“山水园林”，采用尊重原始地形地貌、建筑与自然生态和谐共生、体现当地建筑特色、可持续的设计模式。设计中场地主要限制条件有用地形状不规则且有道路分隔，地形高差大，双向高架桥压缩车辆出入口距离，服务区定位主要在配套功能与基本功能的衔接关系上。设计主题为山径悠然的现代山水园林式服务区。

突出选址自然风景优势，以山水景观为设计的根本出发点；规划中充分考虑山地建筑特色，将建筑与山地高差完美融合；采用现代建筑风格，展示地域建筑的独特魅力。通过山间小径、叠泉溪水、绿竹青草、亭廊楼阁等传统园林式环境设计，将自然生态环境最大限度地融入到服务区的各个区域中去，让人文精神与自然美景融为一体，使服务区成为一个对内环境优雅、高效便捷，对外展示地域形象、表达城市可持续发展的典型服务区（图3-9和图3-10）。

（3）整体功能效应。包括交通、休闲，还有作为公共活动空间进行交往、游赏、娱乐、休憩等功能。植物的种植、绿化配置、对自然景物的因借，步行空

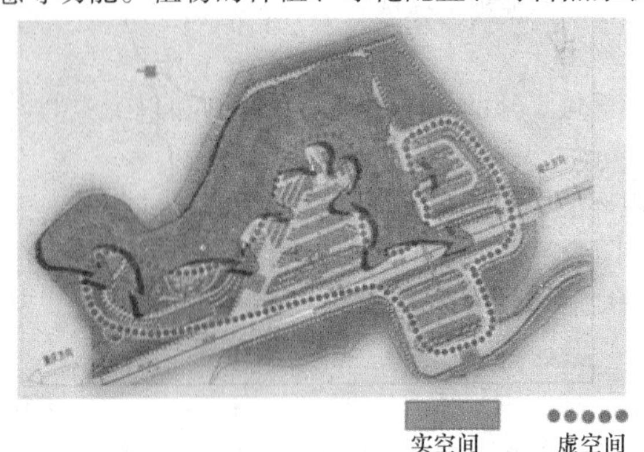


图3-9　某服务区空间规划设计

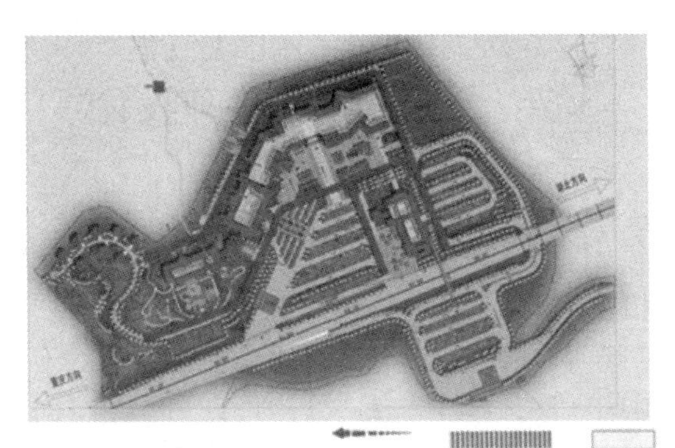


图 3-10　某服务区视觉空间设计

间设计、广场设计、雕塑设计都应纳入景观设计范畴。

（4）景观规划设计中的个性塑造。没有个性是缺乏文化的表现，个性的丧失反映了对于地方文化、历史传统的漠视，因此景观规划设计中呼吁个性塑造、呼吁文化复兴。

（5）总体定位目标。景观不仅是狭义的视觉景观，而是连带交通、环保、历史文脉、旅游资源等因素一起考虑的综合规划设计。针对某一服务区规划项目，首先要分析交通功能、环境生态功能、景观形象功能“三功能”中的主次关系，做到主次分明，规划目的明确（图 3-11）。

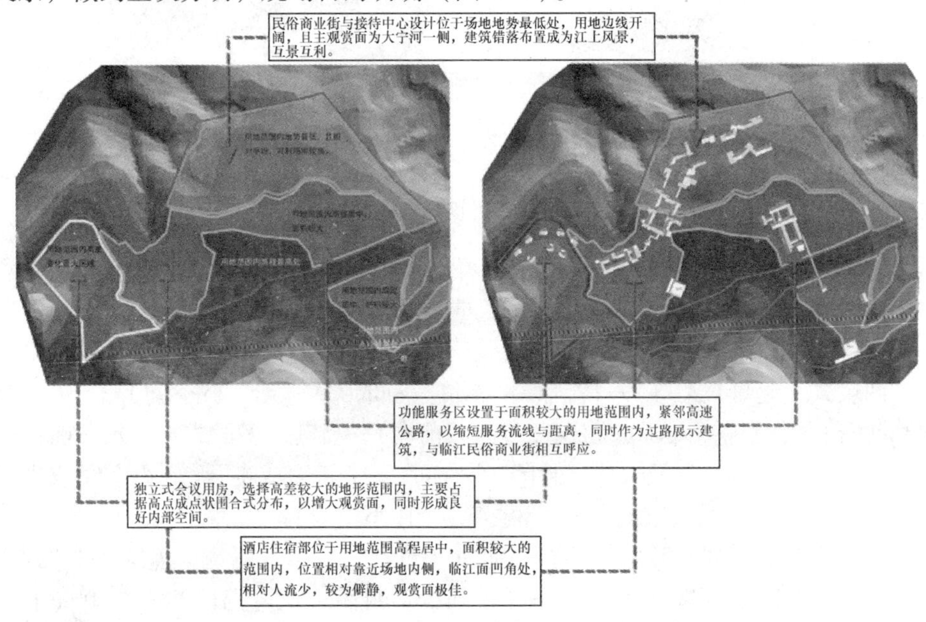


图 3-11　某服务区景观规划设计

## 3.7 服务区景观序列设计

景观空间可能是相对独立的一个整体空间，也可能是一系列相互有联系的序列空间，其空间的连续性和有序性占据主导地位，通过不同功能、不同面积、不同形态的各种空间相互交织，形成具有一定体系的空间序列（图 3-12）。如庭院、绿地、园林、广场等空间连续排列，尽可能保持景观的连续性与完整性。建立起良好的时间和空间秩序，应注重从一个空间向另一个空间运动时对空间的特征体验。如空间过渡、空间转换、空间导向等。景观规划的目的就是为了满足人们多方面的需求，组织和创造出合理、有序的空间环境。

图 3-12　某服务区景观序列设计

服务区景观序列构成与园林景观有着大致相同的结构形式，主要表现在景观序列的节奏和韵律方面。试比较以下序列形式。

园林景观序列有两段式、三段式、多段式。

两段式：起景（入口）—高潮（主景）；空间形式：合（小空间）—开（大空间）；三段式：起景（入口）—引申（过渡、前奏）—高潮；多段式：起景—前奏—过渡—高潮—结束；空间形式：封闭（小空间）—半封闭或半开敞（小空间或借景中空间）—开敞（主景大空间）—封闭或半封闭（小空间）。

服务区景观序列：开始—引导—延伸（节奏、韵律、隔透、连续）—结束。空间形式：开敞半开敞（入口）—开敞加少量封闭（沉降路段）—结束（下一个入口）。

## 3.8　环境景观规划结构

环境景观规划重视景观规划的整体布局与服务区外部环境的关系以及服务区内部光环境、通风环境、温度环境、湿度环境、声环境、嗅觉环境、视觉环境等。服务区室外环境的场地设计，应通过建筑、植物、水体等来促成北方寒冷地区的冬季保暖和南方炎热地区的夏季降温；通过水工程设计及植物呼吸作用，服务区的相对湿度宜调节在 30% ~60%；服务区的白天噪声允许值宜≤45dB，夜间噪声允许值宜≤40dB。靠近噪声污染源的建筑应通过设置隔音墙、人工筑坡、植物种植、水景设计、建筑屏障等防噪。服务区环境设计中宜考虑用乐音来增强服务区生活的情趣；在服务区内部应引进芳香类植物，排斥异味、臭味植物；景观设计中综合研究组景元素的色彩、质感、韵律、尺度、视景等。

## 3.9　服务区景观功能设施设计

服务区景观设计是依据景观的性质与功能要求，运用各种自然要素和人工要素，遵循艺术、技术和文化规律，将其组合成生态平衡、环境优美的服务区设计。例如西欧的很多国家就把服务区作为景观休闲元素来设计，比如德国高速公路上的一些服务区，加油停车只是辅助服务，顾客来到这里寻求的往往是休闲、娱乐、餐饮等服务内容。为了更好地吸引旅客，德国的服务区设计就结合当地地域特色，设计得非常新颖，赏心悦目。如不莱梅附近一个服务区就是飞架在公路上空的，远远看去就如同是造型别致的钢索斜拉桥，在桥上可以尽情地浏览公路内外优美的景色。

1. 服务区建筑景观设计

建筑环境景观设计时考虑建筑造型的多样化与景观设计相结合，重视建筑的空间组合及景观绿地，设计底层架空式、平台式花园以及地方性建筑形式等，充分发挥景观绿地的使用效率。

（1）底层架空式建筑。建筑物架空处理时，应对气候环境条件（如湿度、通风等）进行可行性分析，尽可能地保护原有基地上的良好植被和生态系统的稳定性，或利用架空底层种植耐阴性植物。架空底层还应作为人们在户外气候条件恶劣时的半公共活动空间，并配置适量的活动设施（图 3-13 和图 3-14）。

（2）平台式花园。平台花园的构筑应结合当地地形条件及使用要求，平台下部空间宜作为辅助设施用房或商场、超市等，平台上部空间宜作为安全、美观的行人使用场所。平台花园设计时应分析研究平台下部结构，根据下部结构的承

图 3-13　某服务区建筑底层架空

图 3-14　广东阳茂高速公路西段的阳西服务区

载力及小气候条件进行种植设计。平台式花园的设计应解决好平台花园的给排水及下部采光问题，并结合采光罩进行景观规划设计。

（3）地方性建筑形式。建筑设计时，宜与外界的山、水环境等相结合，通过建筑自身形体加以高低组合变化等，突出地方特色，强化服务区景观的可识别性，如覆土建筑、阶式建筑、山地建筑、临水建筑等（图 3-15）。

图 3-15　百色服务区

2. 服务区水体景观造景

水体是较珍贵的自然因素，在服务区规划时应给予充分的保护。对于水体更应考虑周全，适当条件下可以连通附近的活水源，增加服务区内的水面环境开发，如用平缓的草坡和水面过渡，临近水空间布置丰富小品、室外座椅、庭院灯具，创造生动活跃的亲水交往空间。水景观具有增加湿度、调节温度等生态作用，水体在不同风格的园林中均有不可替代的作用，景观中有水就增添了活泼的生机和动感，增加了波光潋滟、水影摇曳的形声之美。现代社会也尽可能创造亲水环境使人们从观水中获得不同的心理感受。阳光照射下波光粼粼的湖面，流动的溪水发出的潺潺的水声都能给人以温馨、安定、回归自然的感受。而广场、庭院中的人工飞瀑、喷泉又能给人以活跃与激情。

（1）水体形态设计

景观环境中的水以各种形式存在，各种形态的水体组合到空间环境中能使环境质量得到极大的提高。水体按其形态特征可分为：点状水体（如水池、泉眼、喷泉），线状水体（如水道、溪流、人工渠），面状水体（如湖泊、池塘）。

“点”式水体：喷泉、瀑布、水帘等“点”式水体具有跳跃的姿态与欢快的水声，能活跃气氛，唤起人们尤其是司乘人员的内心共鸣，这一点在服务区空间环境设计中应受到特别的重视。通常将它们设在人们视线的中心处，如场地中心、道路交点、重要建筑的前方等，以便烘托整体氛围（图 3-16 和图 3-17）。

图 3-16　天目湖服务区的喷泉（一）

图 3-17　天目湖服务区的喷泉（二）

“线”式水体：河水、溪流等线状水体，曲折萦绕，使分散的建筑、景点连成一体，水体起到联系与统一空间的作用（图 3-18 和图 3-19）。

杭千高速公路建德服务区的水体设计：一条宽度不同、长有 1. 5km 的景观河道掩映在绿树丛中，环绕着服务楼的三面，河床是用鹅卵石铺底的；一座 5. 5m 长、3. 5m 宽的小木桥很别致地横卧在景观河道上；桥下红黑两种颜色的观赏鲤鱼在欢快地游来游去，全然不顾水面上冬天的冷；不远处还有一座宽 8. 5m、跨度 7m 用来通车的拱桥，呈半月型倒映在水中。

沈大高速三十里堡服务区将外广场与开敞水面自然地结合在一起，水面上架

图 3-18　杭千高速公路建德服务区的“线”式水体

图 3-19　沈大高速三十里堡服务区的“线”式水体

设的木桥提供了旅客与水亲近的便利，并且巧妙布设半月形绿化和座椅，既美化了广场景观，又把服务区建筑衬托得格外雅致。

“面”式水体：大面积的水面如湖、池等舒展辽阔，通过光影反射，岸畔的风景映照其上，开阔并丰富了服务区空间，使服务区景致更加完美（图 3-20）。

宁杭高速太湖服务区在设计时，结合原有山形水系，形成了以太湖面为主体的园林式景观。太湖不仅是服务区格局的中心，更是环境景观的高潮。司乘人员坐在湖边品尝鲜美的水产，欣赏湖水虚幻的光影效果，岸边的树林与建筑越加迷蒙含蓄、韵味悠长，使身心达到一个极致放松的境界。

图3-20　宁杭高速太湖服务区水景鸟瞰

（2）人的亲水活动

亲水性是人与生俱来的特性，水面是建筑外环境中不容忽略的重要组成部分。有了水，人们就更加可以进行户外活动。对于水面，从生态角度来说，可以称为“人体的肺部”，吐故纳新，可以调节小气候，在景观方面，可以提升服务区的外部环境（图3-21和图3-22）。

图3-21　台湾中山高速公路关西服务区人们欢快地戏水场面（一）

图3-22　台湾中山高速公路关西服务区美丽的水体景观（二）

（3）滨水空间的设计

人性化的滨水空间设计，有利于创造多层次的交往空间。利用绿化、台阶、铺地、小品、石椅等细节对空间进行界定，形成具有亲切尺度感与领域归属感的人性化的滨水交往环境，或欢快热烈、生机勃勃，或宁静安谧、亲切宜人，对司乘人员各种交往活动产生积极的适应与引导（图3-23和图3-24）。

图 3-23　厦汕高速公路天福服务区滨水空间景观图（一）

图 3-24　厦汕高速公路天福服务区滨水空间景观图（二）

厦汕高速公路天福服务区的滨水空间设计，通过多步台阶构筑了人们停留交往的空间，丰富了服务区空间环境的层次。

3. 服务区庭院景观设计

服务区建筑庭院通常的设计都是加强空间的亲和力，增强庭院的视觉效果，布置近人尺度的设施和绿化，创造优雅舒适的交往空间。

（1）服务区庭院按照设计风格可以分为现代庭院、欧式庭院、东方庭院、日本式庭院、山庄式庭院等。

图 3-25　杭千高速公路建德服务区规则式庭院

（2）服务区庭院的设计类型

服务区庭院可以分为规则式庭院和不规则式庭院。规则式庭院特点是笔直、对称和平衡，修剪整齐的树篱和灌木是庭院特色（图 3-25）。不规则式庭院是用柔和的曲线和不规则式花坛组合，忌用直线，听任植物长到草坪和块石地上，增添景观的随意性和灵动性。不规则式庭院常建有岛屿状花坛，花坛构筑在已有的景观树木和灌木丛周围，同时把地面的自然凹凸考虑在内，岛屿状花坛大小不一，形状也稀奇古怪，花坛与花坛之间留出一定空间，野生园、林地和草甸也是不规则的。

（3）服务区庭院设计主题

可以把服务区庭院划分成各式园区，使其具有各自的功能和主题。药草可以是某一园区的主题，玫瑰和水有可能是另一园区的主题，现代庭院主题还有娱乐园区、果树园区、彩色主题、本土花园、野生园等。

彩色主题是把色彩作为庭院中的主题，可以选择集中色彩，也可以选择同一色彩不同色调随意混合。本土花园多采用本土植物，它们能适应在各种恶劣天气状况下生存，且护理容易。野生园是热爱浪漫生活的人们仿造自然界野生植物形态设计的现代庭院中的“园中园”主题（图3-26）。

图3-26　京石高速涿州服务区为顾客提供的小憩庭院场所

图3-27　台湾东山服务区的地标性景观“百年大榕树”

前庭百年大榕树是台湾东山服务区的代表景观也是地标，相传200多年前生长在服务区土沃水足之洼地，吸取日月精华，至今树型高大、枝叶茂密，十分壮观（图3-27）。

4. 服务区建筑小品景观

服务区建筑小品既不同于建筑具有的体量、面积优势，也不同于园灯、园椅、镂窗、花格等装饰元素那样小巧，是介于建筑与装饰小品之间的一种组成元素。建筑小品是园林环境中供人们游憩和观赏风景的小型建筑物，包括亭、台、楼、阁、厅、堂、廊、榭、舫等。

园廊：屋檐下的过道及其延伸成独立有顶的过道成为廊。植物配置多以藤本植物结合一些观赏价值较高的开花植物来增添景观特色。在廊的两侧及周围多配置具有古典韵味的园林植物，使其和谐地融入整个环境之中。服务区造园设施有人行道、长凳、凉亭、果皮箱、栅栏、指示牌等，根据需要还可设有桌子、花坛、水池、树墙等（图3-28）。

图3-28　园廊

园亭（塔）：具有丰富变化的屋顶形象和轻巧、空灵的屋身以及随意布置的特点，作为组景的主体和园林艺术构图的中心，是供人休息和观景的园林建筑。园亭（塔）周围开敞，造型上相对小而集中，常常与山水绿化结合起来组景。园亭（塔）是园林中点景的一种手段，多布置在主要观景点和风景线上。植物配置常用对景、框景、借景等手法，创造美丽的风景画面（图3-29和图3-30）。

图3-29　亭

图3-30　沈海高速公路东台服务区小景亭

水榭：供人休息、观赏风景的临水建筑。是一个在水边架起的平台，平台一部分架在岸上，一部分深入水中。水榭既可以在室内观景，也可到平台上游憩眺望。临水部分或围绕低平的栏杆或设置座椅供休憩。面水的一侧是主要观景方向，常采用落地门窗，开敞通透。水榭周边植物配置常以柳树、枫树等耐水湿乔木结合荷花、睡莲等水生植物的运用创造滨水植物景观。

游廊：是园中通道和走廊，游廊有回廊、回马廊、柱廊、拱廊等形式。游廊的平面一般呈曲折状，两侧通常为列柱，或一侧为列柱，一侧为墙体，在墙上有镂窗，透过镂窗可把园林中的自然景观浓缩在镂窗的窗景中。

骑楼：一般形式为一层以上楼屋向人行便道伸出的楼层，下面架空，形成柱廊，供行人通行、观光。另一种形式是凌空跨越园林场地、道路，一是楼屋之间或高地之间的通道，类似桥梁，二是增添景观层次（图 3-31）。

图 3-31　漳诏高速公路天福服务区骑楼

阁：属于楼房的一种，一般供游览、观光之用，通常在阁的四周有格栅或栏杆回廊，常作为园景的中心。

5. 服务区装饰小品景观

服务区装饰小品设施主要是供司乘人员聊天、歇脚休息、交往、观赏风景时必不可少的服务设备，主要体现了人对室外活动需求的关怀，也是场所功能性以及环境质量的重要体现。装饰小品包括园椅、园灯、小桥、栏杆、墙垣、门洞、镂窗等，还包括垃圾桶、花阶等。服务区造园设施有人行道、长凳、凉亭、果皮箱、栅栏、指示牌等，根据需要还可设桌子、花坛、水池、树墙等。

在规划时，凉亭应与建筑设施同步考虑，凉亭的结构与材料应能遮光、避雨，亭顶尽可能选用与当地风景或文化习俗相称的形式。人行道在整个行驶路线规划之后，再考虑周围景观进行细部设计。栅栏既起限制出入园地、广场的作用，也应起到装饰作用。对果皮箱的样式，应把维护简便作为设计重点。

（1）园灯。园灯设置时同时考虑景观、照明功能和审美两重性，控制园灯的亮度，精心设计园灯外形，是渲染气氛、塑造园景的重要条件。园灯主要类型有建筑物前座灯、草坪灯、庭院灯、广场灯、几何型园灯等。为保证有合适均匀的照度，灯具的位置分布要合理，灯柱的高度要恰当，一般园灯高度在 3m 左右，用于配景的灯具视情况而定，有 1 ~ 2m 的，也有数十厘米高的，一般园林中园灯采用的比值为：灯柱高度/水平距离 = 1/12 ~ 1/10（图 3-32）。

图 3-32　沈大高速三十里堡服务区园灯

（2）园桥。园景中水面或聚或分，多姿多彩，与园桥的造型密不可分。桥以其优美的姿态点缀山川、引导交通、分割水面，牵引出幽曲小径。桥的造型、体量与园林的地形、地貌密切相关。平坦的园路、溪涧、山谷、峭壁或岸边巨石嶙峋、大树苍郁，都是园桥的基础环境，窄处通桥既经济又合理，行人交通、出入流量、承载能力、净空高度都是造桥的重要依据。园桥类型有汀桥、断桥（木梁桥）、钢筋混凝土梁桥、拱桥、亭桥、廊桥、浮桥、吊桥等（图 3-33 ~ 图 3-35）。

图 3-33　钢桥

（3）坐具。坐具形式有穿树方条椅、双人坐椅、方树桩坐椅、灯柱连坐椅、大树围椅、山石围椅、钢架木板条椅、半圆形围椅、水中坐椅、林中木桌凳等。

图 3-34　红色木拱桥

图 3-35　曲折石桥

室外凳椅的材料从历史悠久的石材、木材、混凝土、铸铁到现代的陶瓷、塑料、铝、不锈钢等，材料的选择极为广泛，但都必须满足防腐、耐久性佳、不易损坏等基本条件，还需具备良好的视觉效果（图 3-36）。

恰当设置园椅会加深意境表达，苍郁古槐之下，设一自然得体石桌石椅，使空间飒然生姿；自然林景之地，常有荒芜之感，倘若在林间树下置以合宜园椅，使人顿感亲切，为大自然增色不少。设置在服务区场地的边缘座椅，可以休息、聊天，简单而实用；可结合园地植物景观、路灯、雕塑台基等进行设计。

休息凳椅的设置方式应考虑人在空间环境中休息时的心理习惯和活动规律，一般以背靠花坛、树丛或矮墙，面朝开阔地带为宜；服务区人流较多但停留时间短暂，考虑设施的利用率，根据人的环境行为心理，常会出现供两人或三人坐的凳椅只坐一人的情况，所以长约 2m 的三人坐长椅其适用性较高，或者在较长的椅凳上适当划线分格，也能起到提高利用率的效果（图 3-37 ~ 图 3-39）。

图 3-36　漳诏高速公路
天福服务区坐具

图 3-37　台中高速公路西螺
服务区户外休闲坐椅（一）

（4）靠近主要建筑物处设置休息场地，通过步行道、室外小品、绿地的组织，提供一个室外休息、散步、活动和观景的场所。

图3-38　台中高速公路西螺服务区户外休闲坐椅（二）

图3-39　台中高速公路西螺服务区户外休闲坐椅（三）

（5）在休息场地内设置饮水设施，并考虑其防冻、防盗和防损措施。

（6）主要建筑物周围和人行之处设置垃圾箱，平均间距为1处/100m。

（7）服务区出入口处预留交通信息公告牌和广告牌位置。

# 第 4 章　高速公路服务区绿化系统设计

## 4.1　服务区绿化设计理念

服务区绿化要改变以没有大树就没有文化、没有老树就没有历史的设计宗旨为以艺术性、生态性、亲和性为绿化设计核心，通过空间划分和植物配置，以建筑物为主体，在传统的园林艺术基础上，结合现代园林表现手法，并以亭或石等小品、灯光及植物造景点缀，达到观赏休闲、提高环境质量的目的。

1. 与周边环境协调一致原则

服务区绿化与美化同整个高速公路的防护绿化相配套，有良好的整体性与鲜明的节奏感；能利用的部分尽量借景，不协调的部分想方设法视觉遮蔽，服务区各组成部分有机相连、过渡自然。依据总体布局统一格调，取得景观和功能的协调，以植物为主造园并辅助划分环境空间，根据地形地貌的水平、垂直、深度来注意植物的季节变化和空间的层次性，形成立体景观，同时应与周围外侧毗邻区相结合，做到防护、绿化、美化和谐统一。绿化应整体考虑，区域化设置，景点点缀，以求达到最佳视觉效果。绿化效果要达到四季常绿、三季有花，便于管理、管理费用低等。全面考虑草坪、苗木、树木、园林小品的有机结合，缓和分隔空间，使建筑物与绿化工程融为一体，衬托出建设物的建筑美和艺术效果。

2. 功能性原则

绿化的功能设计包括环境保护、景观协调、美化自然环境和生活环境、隔离不适景物、遮阴等。选用植物物种时，考虑其降噪、防尘、减低风速、净化空气等功能，集绿化、美化、净化于一身，同时考虑植物的生长习性、花形、花色、花期、树形、树貌以及植物种搭配等，植物选择突出季相变化，通过艺术手法，将季相变化明显的乔、灌、花、草集合在一起，利用植物枝、条、花、叶、颜色等进行搭配，四季有绿色，四季有花开。

3. 遵循自然性原则

运用生态学原理，注重植物生态习性和其周围环境的关系，平衡常绿、落叶以及乔灌木、地被的比例。植物配置上遵循多样性原则，以高大乔木为主，实行优化配置，透过乔灌草的群落式种植提高生态效益。分析当地的自然地貌、地质情况，与地形相结合，选择与其相适应的植物群落，“适地适树”，乡土树种也在其范围内。根据服务区所在地域，选用当地生长较好的乡土树种，乔木、灌木和草相结合，常绿树种与落叶树种相结合，速生与慢生树种相结合。选用具有美化、经济、高效、适用等多用途、多目标、多功能的树种，丰富地方植物资源，增加生态稳定性。强调植物群落的自然适宜性，在植物养护管理上的经济性和便捷性，尽量避免养护费工，水分和肥力消耗过高、人工性过强植被。

4. 观赏与休憩相结合

考虑到服务区以植物造景为主，因地制宜地采取孤植、对植、行列栽植、丛植、群植等形式，力争达到春花烂漫、夏日浓阴、秋色艳丽、冬态宜人的艺术效果。在布局上开合相间，立体空间高低变化，充分利用植物的观赏效果（干、花、叶等），点缀精致的园林景观小品，以乔木、灌木、花卉、地被、草坪为序，乔木是骨架和防护的主体；花卉、灌木起着美化、修饰的作用；地被和草坪植物是绿地的底色，通过混植构成疏林草地，集自然、通透、开放于一体；服务区的各构成要素的位置、形状、比例和质感在视觉上要适宜，以取得平衡。

同时布置休息休闲的设施，如花架长廊、凉阴坐凳、小型的健身广场等，满足行人的休息、休闲、娱乐等功能需求，用植物造景创造供人们观赏、休憩、游乐的健康的绿色休闲环境。

5. 强调投资与效益并重的原则

物种选择以实用为主，不宜采用名贵花本和植物，少种产果树种，以节约资金投入，保证绿化植物安全。植物造景综合考虑时间、环境、植物种类及其生态条件的不同，使丰富的植物色彩随着季节的变化交替出现。

## 4.2 服务区绿化系统生态特性和植物种类

### 4.2.1 服务区绿化系统的生态特性

植物生长环境中的温度、水分、光照、土壤、空气等生态因子，对植物的生长发育具有重要的影响。植物配置时，了解一些常见的生态类型植物以及适应不同环境的植物，根据不同的环境条件选择适宜生长的植物种类或群落，在搭配时做到适地种树。服务区绿化系统的生态特性有落叶与常绿之分，慢生与速生之分，喜阳与耐阴之分，喜酸与耐碱之分，耐水湿与喜干旱之分等。

（1）阳性植物。要求较强烈的光照，不耐庇阴。一般需光度为全日照的70%以上的光强，在自然植物群落中，常为上层乔木。如木棉、木麻黄、椰子、芒果、杨、柳、桦、槐、油松及许多一、二年生植物。

（2）阴性植物。在较弱的光照条件下比在强光下生长良好，一般需光度为全日照的5%～20%，不能忍受过强的光照，在自然植物群落中处于中、下层，或生长在潮湿背阴处。在群落结构中常为相对稳定的主体，如红豆杉、三尖杉、铁杉、可可、咖啡、肉桂、茶、紫金牛、常春藤、地锦、麦冬及吉祥草等。

（3）耐阴植物。一般需光度在阳性植物和阴性植物之间，对光的适应幅度比较大，在全日照下生长良好，也能忍受适当的庇阴。大多数植物属于此类，如罗汉松、竹柏、山楂树、椴树、栾树、君迁子、桔梗、棣棠、珍珠梅、虎刺及蝴蝶花等。

（4）耐干旱植物。雪松、黑松、加杨、垂柳、旱柳、栓皮栎、榔榆、苦槠、构树、枫香、桃树、枇杷树、石楠、火棘、合欢、胡枝子、葛藤、紫穗槐、紫藤、臭椿树、乌桕、黄连木、盐肤木、木芙蓉、君迁子、夹竹桃、栀子花等。

（5）耐水湿植物。垂柳、旱柳、龙爪柳、榔榆、桑、柁、杜梨、紫穗槐、落羽杉、水松、棕榈、栀子、枫杨、麻栎、山胡椒、沙梨、枫香、悬铃木、紫藤、乌桕、重阳木、柿树、葡萄树、雪柳、白蜡、凌霄等。

### 4.2.2　植物种类

按植物学特性，植物可分为四类。

乔木类：树高 5m 以上，有明显发达的主干，分支点高。5～8m，为小乔木；如梅花、碧桃等；8～20m，如樱花、圆柏等；20m 以上，如银杏、毛白杨等。

灌木类：树木矮小，无明显主干。其中小灌木高不足 1m，如紫叶小檗、黄杨等；中灌木约 1.5m 高，如麻叶绣球、小叶女贞等；高 2m 以上为大灌木，如爬山虎、凌霄等。

藤本类：茎弱不能直立，须借助其他物体攀附在生长的蔓性树，藤本类植物分为四类：缠绕类（猕猴桃、何首乌）、吸附类（常春藤、扶芳藤、络石）、卷须类（葡萄、珊瑚藤）、攀附类（蔷薇、藤本月季）。

竹类：根据地下茎情况又分为三类。单轴散生型，如毛竹、紫竹、斑竹等；合轴丛生型，如凤尾竹、佛胜竹等；复轴混生型，如苦竹等。

按观赏特性，植物可分为六类：观形、观枝干、观花、观叶、观草、观果。

### 4.2.3　植物群落

植物群落，就是某一地段上全部植物的综合。它具有一定的结构和外貌，一定的种类组成和种间的数量比例，有一定的生境条件，执行着一定的功能，在空间上占有一定的分布区域，在时间上是整个植被发育过程中的某一阶段。植物群落中植物与植物、植物与环境之间存在着密切的相互关系，是环境选择的结果。

每一种植物群落应有一定的规模和面积，并具有一定的层次，才能表现出群落的种类组成，植物群落不是简单的乔、灌、藤、草的组合，而应该从自然界或城市原有的、较为稳定的植物群落中去寻找生长健康、稳定的组合，在此基础上结合生态学和园林美学原理建立适合城市生态系统的人工植物群落。植物群落是绿地的基本构成单位，科学、合理的植物群落结构是绿地稳定、高效和健康发展的基础，是城市绿地系统生态环境的功能的基础和绿地景观丰富度的前提。

利用植物群落具有各种天然特征，如色彩、形姿、大小、质地、季相变化等，可以构成各种各样的自然空间；园林各种功能需要与小品、山石、地形等结合，更能够创造出丰富多变的植物空间类型。

植物群落从形式上一般分为：开敞、半开敞、覆盖、封闭、垂直和天时空间六种空间类型。不同形式可以创造不同功能的空间，来满足人们的各种需求。

乔灌草搭配的复层空间群落，平面上构图元素丰富，通过有机组合形成疏密有致之感；立面上高低错落搭配，开合有序，空间层次丰富；另外植物的季相变化又增添了景观的时间维度。科学艺术的运用造景手法，将多种类型的植物丛植、群植，通过形状、线条、色彩、质地等要素的组合以及合理的尺度，加上不同绿地背景元素的搭配，既可为景观设计增色，又能让人在未意识的审美感觉中陶冶情操。整体植物景观从简单的一维设计上升到了四维空间的高度，可利用植物的各自特性和不同手法，营建封闭、通透、开敞、私密、公共等多种空间，根据需要创造不同的复合视觉效果，既体现了近自然的生态设计，又符合生态系统机理；能够更好地发挥生态、景观效益，满足人们的审美需求和环境质量要求。

实例：东庐山服务区的入口，利用罗汉松、羽毛枫等观赏性小乔木与黄石搭配，再辅以花灌木点缀，铺植草坪，空间高低错落搭配，形成简洁明快的效果，黄石上以朱红繁体书写“东庐山服务区”给人明朗的入口意象。用成排密实整形的绿篱或规则式列植乔木对边界进行围合，创造出两个不能跨越的空间，以有效地引导人流，实现空间的转换。

停车区通过植物围合与标识引导，形成不同类型的停车区域，满足不同停车需要。如用黄杨、夹竹桃等常绿灌木形成绿篱，列植香樟、悬铃木等中小规格乔木，围合不同空间满足不同车辆的停车需要，既起到分隔空间的作用，又能吸收汽车尾气，净化环境。

又如太湖服务区在草坪上孤植、列植或散植大乔木，树型优美或叶花果观赏性较高的树种能满足人们的观赏要求，构成视觉焦点。几棵树型优美的紫薇散植在草坪上，一旁片植粉花绣线菊，点植枸骨和火棘球，形成春天粉花烂漫、夏日紫薇争艳、秋冬红果点缀的四时景色。

点缀蜀桧球和南天竹形成近景，主体建筑形成背景，在中间错落栽植高低不同的棕榈，使得远近过渡自然。

夏天“荷花”满树的广玉兰和秋叶铜褐色的榉树撑起画面的支架，中等高度的紫薇散植其中，几棵红花檵木球自由点缀在前，云南黄馨和洒金桃叶珊瑚等常绿灌木片植其后，白色的天鹅斜拉索桥掩映在蓝天下，整个画面清新明快、生动自如。

冠型完好的大广玉兰与高矮不一的棕榈错落搭配，其下条带式片植大叶黄杨、金钟等花灌木，以竹篱形成背景，铺设草坪，结合地形起伏，展现亚热带风光。

全冠的大桂花和三、五棵石楠球，配以红色的紫叶李，坐在散置的石头上，眺望远处伸向水库的栈桥，在草地上感受阳光的温暖，享受湖光山色之美，开阔疏朗的景致别有一番情趣，也给服务区的环境景观增色不少。

修剪成球的石楠和金边黄杨散植在起伏的绿地上，大规格的桂花和银杏作为背景，利用植物不同的冠形和大小营造生机勃勃、绿意盎然的景象。

棕榈大道中，多姿的花叶美人蕉镶边，紫红的杜鹃和色彩丰富的八仙花衬托着常绿的凤尾兰，成为太湖服务区一道亮丽的风景线，令人印象深刻。

## 4.3　服务区植物配置形式和配置方法

### 4.3.1　植物配置形式

植物配置形式有规则式设计、自然式设计和混合式设计。

（1）规则式设计是运用规则的布局形式进行设计，首先反映在其观赏平面和立面上是以“图案”设计为主的，利用不同的植物进行不同的色彩搭配组成具有一定设计意义的图案，按照环境的比例关系布置其间，形成构图的中心。图案所表现的意义比较明确，内涵也很丰富，同时具有一定的具象外形等，但由于使用的材料都是选用低矮的植物，在立面和季相上缺乏丰富的变化的因素，在总体构图上显得呆板而不具有活力，而且对后期的养护管理要求非常严格，与中国园林的基本格调和民族的总体审美观念有一定的距离。

（2）自然式的设计形式，对于近乡镇区域或近城市区域的服务区，不能因为设计的需要忽视道路功能的要求而本末倒置，其次才考虑设计本身的特点。

（3）混合式设计。对于地处城乡结合部或市区内的立交，可以采用这种形式，只是在运用时有不同侧重。前者以自然为主，后者以规则为主。设计时先分清道路主次，再确定具体布局的关系。在主干道的入口处绿化中以规则式设计布局，其他大部分绿地仍以自然为主。对于人流量和车流量较大的地方，以低矮的规则式图案布局为好，在不影响交通功能的前提下，局部形成自然的形式，能提示性表现回归自然界的趋势。

### 4.3.2　植物配置具体设计方法

（1）构图骨架的形成：由于服务区绿化区与纯粹的园林绿化景观在功能上

的要求不同，所以也不可能像后者一样，具有植物搭配构图骨架的同样密度，换句话说，就是不具备园林中连续的高低错落的林冠线及林缘线布局。因此，骨干树种的选择和在数量上的确定要适应这一特点的要求，但也要形成高度之间的不同搭配。一般选用常绿乔木如雪松、白皮松等树冠紧凑、树形优美的树种来完成这一任务，位置选择一定要注意道路的走向和关系。

（2）搭配植物的运用：搭配树种可选用一些季相变化丰富的色叶树，并考虑与骨干树种所形成的前景与背景的构图关系、比例尺度、自然裁剪方式等内容。

（3）基色调的选择：花灌木的色彩配置构成了景观的基色情调。首先要了解景观所在的地理位置和环境。其次，花灌木的配置要根据绿化的位置，遇面则面、遇角则角，自由布置，不拘一格。

（4）平面背景的处理：护坡植被利用固土性能强的植物如小冠花、狗牙根、迎春等，有利于对路基的保护，同时也有利于建成以后的养护管理。

## 4.4 服务区种植设计的作用和植物的选择

### 4.4.1 服务区种植设计的作用

1. 防眩功能

在服务区的停车场等区域可能出现眩光问题，植物栽植能有效防止迎面行驶车辆的眩光，改善夜晚行车的视线状况。

2. 指示功能

植物可以用来指示道路线形的变化。平面上有曲线转弯方向，在平面曲线外侧可种植高大的乔木，使司乘人员有一种心理安全感，并混栽一些灌木植物，起缓冲作用，减少高树的压迫感，并显示线形的变化，为行车者指引方向，特别在有雾、下雪或暴雨等气候条件下，植物还可以通过取景或构成背景来帮助行车者看清标识。曲线内侧为保证视线通透，适宜种一些低矮植物或地被植物。纵断面有凸形、凹形竖曲线变化，在凸形曲线顶部宜种植矮树，两端种植高树，这样可使人看清前方高树顶端，起到指示方向、视线引导作用。

在匝道两侧绿地的角部适当种植一些低矮的灌木、球状物，增强出入口的导向性。

3. 应对不良的天气情况

在积雪严重的地区，雪的移动会成为非常严重的问题，可采用挡雪绿篱进行必要的防护。挡雪绿篱能降低维护管理费用，提高驾驶人员的安全性，随着植物的成长而增强防雪效果，并极大地改善服务区的外观质量。

在积雪严重的地区还必须考虑储雪的空间和化学融雪剂对植物的有害影响。

所选用的植物必须能够容忍恶劣的环境条件并能够在公路附近区域生存，必须是致密多分枝的种类，并有足够的高度能满足其功能的发挥。它们必须能够忍受最低程度的养护管理，被车辆撞坏后经过修剪能够快速恢复。

4. 净化空气

选择抗污染能力较强并能吸收一定有害气体的树种，不仅能避免植物过早死亡，而且能起到净化空气的作用。如枫杨、法桐、雪松、大叶女贞等。

5. 景观效果

植物选择上既要体现丰富的四季景观，又要使形成的季相景观，符合其特有的文化内涵及主题景观。如春有迎春、碧桃竞相开放；夏有百日红、棕榈、大叶女贞郁郁葱葱；秋有黄山栾红果片片、桂花飘香；冬有腊梅、雪松傲立冰雪。各个功能布置区域各有特点，起到点缀和美化环境的作用。

### 4.4.2　绿化景观植物选择原则

（1）抗性强、易植、易成活、易修剪、易管理，选择丰富多彩、姿态优美者，不仅选栽美花，还需栽香花、时花。

（2）尽量采用当地实生植物种，因其在当地易成活，生长良好，具有很强的适应性，能充分发挥其绿化与美化环境的功能。

（3）选择一定的防护树种，如果绿化与美化之处位于沙漠地带，风沙危害是不可避免的，所以防风固沙是其立足之本，防护树种也就首当其冲了。

（4）常绿树种与落叶树种搭配，常绿树种一年四季郁郁葱葱，给人一种清新的感觉；落叶树种夏天可以遮阴，冬天落叶以后，阳光透射到地面，增加小环境温度。

（5）乔、灌、草、花结合，层次分明、错落有致，多维立体感强，集防护、绿化、美化于一体。

### 4.4.3　服务区常用绿化与美化植物树种

山茶花、月季、杜鹃花、桂花、栀子花、含笑、香樟、雪松、广玉兰、圆柏、樱花、紫薇、红叶李、红花继木、金叶女贞、马尼拉草、时花等。樟子松、落叶松、圆柏、侧柏、千头柏、圆柏球、臭柏、云杉、垂柳、金丝垂柳、龙爪槐、丁香、榆叶梅、玫瑰、刺玫瑰、蜀葵、贴梗海棠、连翘、红叶小檗、月季、荷兰菊、常夏石竹、草坪等。

## 4.5　服务区绿化设计步骤

绿化设计分为初步设计和施工图设计两阶段。

绿化设计过程有：场地调查分析、绿地规划、平面设计、竖向设计、设备设计、植物设计等。植物设计主要有植物群落的规划、种植的植物种类的规划、具体植物的种植设计。

1. 植物群落的规划

植物的时间配置根据季节景观的变化要求，使用不同季节变化的植物，丰富公路景观，做到四季有花、全年常绿。有条件地区绿化植物的空间配置在考虑平面和立面的基础上，一般采用自然和规则两种形式。草地与周围植物应根据景观、功能要求，利用对比等手法进行配置。绿化植物还应注重种类和生态习性的多样性及与附近的植被和风景等诸条件的相适应性，并兼顾近期和远期的树种规划、慢生和速生种类结合。

2. 种植的植物种类的规划

服务区绿化工程的设计与布局中，植物通过造型、色彩使环境充满生机和美丽。选择抗逆性强，可抵抗公害、病虫害少，便于管护的植物，以及不会产生其他环境污染，不会影响交通安全，不会成为附近农作物传播病虫害的中间媒介的植物。大树宜选择当地浅根性、萌根性强、易成活的树木；草种根据气候特点，选择适合当地生长，覆盖度大，抗逆性强的，并适当考虑经济效益。

3. 具体植物的种植设计

根据植物季相变化规律，通过不同植物的色、形、质、体、香的优化组合，创造时空各异、季相优美的绿化时空结构，展现丰富色彩的植物时空变化规律，达到“春有花，夏有荫，秋有色，冬有绿”的时序景观。比如，春季观花有白玉花、樱花、杜鹃、迎春，夏季有月季、石榴、紫薇，秋季有花香四溢的桂梅、红果累累的构骨及火棘球，冬天有腊梅、凤尾竹、五针松等。

## 4.6 服务区各功能区域绿化设计

服务区绿地主要包括外围绿地、休息园地、修景绿地、缓冲绿地等，起美化环境和组织交通的作用。

### 4.6.1 服务区绿化设计要点

（1）总体规划中场区绿化面积应满足国家有关规范的要求，其绿化率不低于30%，用地紧张地域绿地覆盖率不宜小于服务区用地的25%。

（2）服务区的绿化设计应采取以静态景观设计为主，动态景观与静态景观相结合的方法。

（3）对服务区的绿化设计要与服务区的建筑风格保持一致，各服务区要有不同特点，不宜千篇一律。

（4）所设计的植物个体的长宽、方向应以不妨碍视距、辨认标志、照明区域等为原则。从规划设计的初期就应将植物的位置及生长后的间隔尺寸考虑到景观规划图内，兼顾近期与远期，采用速生树种与慢生树种相结合，既在建设的初期有较好的绿化效果，同时又保证最后设计目标的实现。在立体空间中，划定其合理的位置和方向感，并协调好硬质景观的设计，做到“绿化、美化”“香化、彩化”“三季有花”“四季常青”（图 4-1）。

图 4-1　某服务区种植的乔灌木随着季节变化呈现不同景观

（5）尊重原有的生境条件，以自然栽植为原则，显示出与自然环境和谐共生的栽植效果。以植物绿化等来营造舒适温馨的休息气氛，绿化以乔木为主，间植灌木、草坪、花卉等。树种选择与规划应注重常绿与落叶、一般型与观赏型、速生与慢生的合理搭配，创造季相分明、层次丰富的景观。

（6）植物的种植设计应充分考虑地形、土壤、气候、自然植被以及将来的利用规划和发展规划，将来的维修管理等各种因素。选择抗病虫害的植物以及抵抗力强的植物，易于修剪、管理。

（7）以树木荫棚整合地表面，通过树木起到防风作用。

（8）利用植栽排列来连接建筑群，使其形成整体性。

（9）建筑物的阴影不要遮蔽树木。

（10）造园时可运用土坡作为基地使用区域或者是场地活动区域的分隔带，也可利用植栽形成视线屏障。

（11）通过景园的建造作为视觉引导或利用集中的景园使其成为整合建筑群体的焦点。

（12）利用植栽形成户外空间，或加强车道的轴线性与趣味性。

**4.6.2　服务区场地绿化**

（1）服务区场地周围绿地。总体布局中，在主线与服务区之间采用绿地分隔带。服务区场地四周边界及边坡设置带状绿地、种植高大乔木与外界相对隔绝，整个场地内用绿化作屏障，营造一种与高速公路上完全不同的轻松氛围，以缓解驾驶员和旅客的疲劳，满足人们休息的需求，为工作人员及司乘人员提供一个舒适、优美、亲近自然的工作、休息环境。

（2）防护绿地及预留地区绿化设计。服务区防护隔离应采用自然的“软性隔离”，即用矮墙和栅栏，内侧种植乔木和灌木，可选用刺槐等带刺植物，一般不采用生硬的高墙。在最边缘区，种植一排香樟或雪松，以界定服务区范围，并起防护作用，樟子松林下可混交踏郎、紫穗槐等灌木。在预留地区种植龙爪槐、棕榈、苏铁、七里香等树种，以廉价的本地特色树种片植成林，形成富有地方特色的绿化区域，也可增加周围绿化率。

（3）服务区出入口绿化。服务区与高速公路连接处的绿化与美化要同公路主线加以区分，选择不影响司乘人员视线的树木，留出足够的安全视距，利用植物进行视线诱导，确保行车安全通畅。如自外向里依次种植迎春、龟甲冬青、百日红、红叶李、雪松等高度由低到高的植物带，既能形成开阔的、富有层次感的空间，又能给人不同的色彩感受，为司机、乘客创造消除疲劳、心情舒畅的景观环境。

（4）服务区停车位处绿化设计。停车场内应合理布置绿化设施，但必须保证车辆出入方便、视线良好。停车场周围应栽植乔木、花草等，为车辆遮阴并减少其对周边环境的干扰。以灌木剪篱搭配遮阴乔木的种植形式给车位创造一个围挡式的绿色空间，淡化高速公路生硬的工程形象，缓解视觉疲劳，同时高大的乔木可以达到为车辆遮阴的效果。停车位应根据具体情况设置部分遮阳停车场，栽植具有浓荫的高大乔木，以防止车辆受到强光的照射。

（5）服务区道路绿化设计。人行道路两侧应栽植遮阴乔木，让行人有良好的步行空间。通过低矮灌木、缀花草坪隔离，实现人车分流，引导旅客按规定路线行走。

（6）服务区集散广场区绿化设计。广场区景观绿化以开敞草坪为主，适当点缀灌木花草（如宿根花卉）及地被植物（如铺地柏）等，也可适当孤植一两株有型的如刺冬青、白蜡、木瓜等大树组景。对于特大型的空旷地段，进行组团式植物种植绿地，种植下方有座椅，在广场中心地带有喷泉、雕塑、假山、水池等文化小品，也可在地形上予处理，如人工造坡，以丰富景观（图 4-2）。

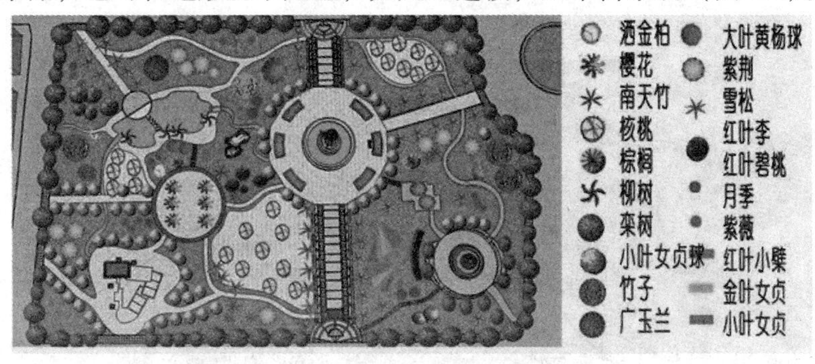


图 4-2　某服务区广场绿化设计图

### 4.6.3　服务区建筑绿化

植物可以软化建筑的硬质线条，对于景观的协调以及不良景观的遮挡，可以收到意想不到的效果。

（1）建筑物入口外部空间绿化。建筑入口绿化风格必须符合建筑自身的性质和风格形式，满足建筑自身的物质功能和精神功能。主要有规则式和不规则式，规则式植物配置常见的形式是对称式布局，以突出建筑的宏伟特征；不规则式植物配置形式根据建筑及园林建筑入口的多样形式，种植设计主要是作为视觉及精神审美对象，用于烘托建筑外部空间。

（2）建筑四周绿化。服务楼四周的绿化设计不仅要创造优美的景观，而且要因地制宜，与周围的环境相协调，周围适当点缀一些针叶树如云杉、杜松等以及一些花灌木，如玫瑰、榆叶梅、月季等。如综合楼周围绿化设计以草地绿化为主，则适当点缀针、阔叶树如雪松、香柿、桂花、玉兰及一些珍贵花灌木等，并种植若干花卉带，如一串红、矮牵牛等，可以遮阴、休闲、赏景等，满足旅客的

图4-3　保津高速公路崔庄服务区综合楼前绿化

视觉、味觉和参与的心理感受（图4-3）。

图4-3中的崔庄服务区综合楼前绿化，使主建筑在丛林中时隐时现呈森林式绿化，乔木形成行道树，灌木绿篱镶边，中间点缀花卉，形成整体绿化格局。

（3）建筑窗前区绿化。现代建筑窗景很多设计理念灵感来源于中国古典园林，窗常在建筑中用来形成框景的效果，可搭配景石以增添其稳固感，构成有动有静、相对持久的画面。由于窗户尺度不变，植物不断生长会破坏原来协调的画面，因此要选择生长缓、形态变化不大的植物（图4-4）。

图4-4　服务区综合楼建筑窗前区绿化

（4）服务区建筑角隅绿化。建筑的角隅线条生硬，通过植物配置来进行缓和最为有效（图4-5）。根据服务区建筑的形式，种植可相应采用规则式或自由式，选择植物时应充分了解其体量和比例，以保证绿化与建筑长期和谐效果。

（5）建筑立体绿化。立体绿化可以弥补地面绿化的不足，在丰富建筑物景观、提高绿化覆盖率、改变生态方面都发挥着重要作用（图4-6）。主要有屋顶花园、窗台、阳台绿化，墙面绿化。屋顶花园可以利用山石、建筑小品、水体等进行园林配置。屋顶花园建设关键措施是减轻屋顶荷载，解决防水排水问题，改良种植土及科学的植物配置。屋顶地形处理上尽量以平地为主，屋顶水池一般为浅水池，并多用喷泉来丰富水景，种植土常用重量较轻的蛭石材料，以最大程度发挥生态效益并创造绿色的景观氛围。窗台、阳台设置简易的种植池和格架，栽植牵牛花、绿萝之类姿态轻盈的藤本植物，阳台上可摆放盆栽的花卉植物。墙面绿化包括种植爬墙类植物以及墙上种植花槽等做法。

图 4-5　安徽沪渝高速宿松服务区
建筑角隅绿化

图 4-6　古坑服务区立体绿化

（6）餐馆区绿化设计。主要种植乔木类树木，营造室外良好的自然环境氛围，在餐馆后面设置的棚栏及铁丝网上，可种植攀援植物如山葡萄、地锦等进行垂直绿化，辅以雕塑、景石、小桥流水景观等以增加审美情趣。以绿篱如圆柏绿篱、侧柏绿篱等绿化，与其他功能区形成自然的分界线。

（7）加油站、维修站绿化。加油加气站内可种植草坪、设置花坛，对观赏面不雅的环境用植物障景处理，用植物来加强防护和遮蔽效果。种植坡地草、灌木防止水土流失等；加油站种植常绿不着火的防火树种，不能种植油性植物。考虑加油站防火和减少管理费用，不选高湿、耗水、费工、怕高温的高羊茅，也不选冬季易着火的马尼拉，而选择马蹄金。液化石油气加气站内不应种植树木和易造成可燃气体积聚的其他植物。油罐区不能栽易燃的落叶树及草坪，故以防火珊瑚树密栽高篱形成隔离带，并在隔离带内油罐空地上满栽四季常绿不着火的丹麦草（细叶麦冬），构成一个具有安全保障的防火区。

（8）桥体、桥柱绿化。桥下种植耐阴植物，桥体周围环境进行层次丰富的绿化，桥体两侧设置种植槽或垂挂吊篮，栽植地锦、扶芳藤等绿色爬蔓植物，桥柱、桥体周边种植攀援植物，可以美化桥体、桥柱，增加绿视率，吸尘防噪，增加生态效益。

**4.6.4　服务区小品绿化**

合理配置乔灌花草比例，充分考虑植物的特点和景观效果，增加具有观赏品位的艺术小品，如亭、石、路等，植物配植要与周围的建筑环境以及设施环境相协调。

（1）围墙、围栏绿化。围墙、围栏有铁艺围栏、木质围栏、混凝土围栏等。围墙的一般功能是承重和分离空间，而且可以使墙外远景和墙内近景有机地结合成一个整体；在园林中经常利用墙南面小气候良好的特点引种一些美丽但抗寒性稍差的植物。黑色的墙面前，宜配开白花的植物，能起到扩大空间视觉效果的作用。如围墙前面呈品字形种植一排枫杨和一排大叶女贞，落叶的枫杨和常绿的大叶女贞相互搭配，使植物色彩随着季节的变化相互交替，同时又具有常绿的自然景观效果。园墙植物配置注意区内外植物景观一致性，避免园墙生硬割断两侧景观效果，宜应用相同植物种类和类似搭配方式。

园墙往往比较长，尽可能配置密集植物，使墙体掩映于红花绿树之中，削弱墙体引起的单调感。

对于特殊造型的园墙和景墙，根据具体造型进行相应植物配置，起到良好的衬托作用。

对于古典的园墙，植物配置选用具有古典风韵的植物如竹子、紫薇、南天竹，配置注意高低层次和疏密空间变化（图4-7）。

（2）雕塑、景石与植物配置

园林置石组景不仅有其独特的观赏价值，而且能陶冶情操，给人们无穷的精神享受。在园林植物与景石结合造景时，不管要表现的景观主体是山石还是植物，都需要根据山石本身的特征和周边的具体环境，精心选择植物，利用植物的形态、色彩、质感以及不同植物之间的搭配形式，使山石和植物的配置达到最自然、最美的景观效果（图4-8）。

图4-7 厦汕高速公路天福服务区园墙的植物配置

图4-8 济聊馆高速公路聊城服务区景石与植物景观

实例：太湖石多呈灰白色，因而为了彰显其淡雅之美，配置于太湖石周围的植物的颜色以绿色居多。作为孤赏石，太湖石周围多配植草本植物；而置于道路旁边的太湖石，为了打破单调，常采用乔—灌—草的配置模式；小庭院内，太湖石旁多采用乔—灌—草的配植模式，如在镂窗粉墙前配置佛肚竹—细棕竹—叶兰沿阶草。因此，太湖石与小型的竹类植物、棕竹、一叶兰、沿阶草等相配置，不仅能很好地展现太湖石的典雅之美，也能营造出清新、自然、优雅的环境。

花岗石雕塑周围的植物常采用灌—草的模式。此外，天然花岗石作为自然造景要素时，可散置于群落中，故可运用乔—灌—草的配植模式。

### 4.6.5　服务区水景观植物配置

植物是水景设计的重要一环，诗句“疏影横斜水清浅，暗香浮动月黄昏”便再现了水体、植物、月色共同组成的优美画面。在设计中要注意植物的种类选择与构图方式，应当疏密相间、高低搭配、组合色彩来增强景观的感染力，使水与植物相得益彰。另外雕塑、小品、园林建筑等许多物体均是水体的理想点缀与衬托，巧妙应用将大大提高景观环境的观赏性。

1. 水生景观的生态价值

水生植物可吸收、富集水中的营养物质及其他元素，可增加水体中的氧气含量或抑制有害藻类繁殖，遏制底泥营养盐向水中的再释放，利于水体的生物平衡等。水生高等植物能有效地净化富营养化湖水，提高水体的自净能力，也是人工湿地系统发挥净化作用必不可少的因素之一。

2. 水生植物的类型

根据植物与水分的关系可把植物分为水生、湿生（沼生）、中生、旱生等生态类型。水生植物根据其生理特性和观赏习性可分为水边植物、驳岸植物、水面植物三大类。水生植物按其生活方式与形态特征又可以将其分为挺水型、浮叶型、漂浮型及沉水型 4 种类型。挺水类植物的根扎在泥中，茎叶挺出水面，有些种类具肥厚的根状茎或在根系中具有发达的通气组织，对水深适应性一般而言与植株高度有关，植株高大的适水能力稍强。浮水类植物的根在泥中，叶片漂浮于水面或略高出水面，花开时近水面。漂浮类植物的根系漂在水中，叶完全浮于水面，可随水漂移，在水面的位置不易控制，多数以观叶为主，它们既能吸收水里的矿物质，又能抑制水藻的生长。沉水类植物的根扎在泥中，茎叶沉于水中，它与湖底水生植被的存在可阻止上层水体动力扰乱湿地底部，有效遏制底泥营养盐向水体释放，是净化水质或布置水下景观的优良植物材料。

3. 水生景观的植物配置方式

服务区的园林景观中的各类水体，无论是主景、配景，无论是静态水景，或是动态水景，都需要借助植物来丰富景观。水体植物的配置，主要是通过植物的色彩、线条以及姿态来组景和造景，利用水边植物可以增加水的层次；利用蔓生植物掩盖生硬的石岸线，增加野趣；植物的树干还可以作为框架，以近处的水做底色，以远处的景色为画，组成自然优美的框景画。水生植物配置应该特别讲究艺术构图，以植物线条丰富水边景观构图，还可以用特殊姿态的植物来增加水面的层次和动态的野趣感。水生景观的主景就是我们看到的视野中心，是水体景观的主题，它要求能突出主题，反应水生景观的设计中心。配景也是水生景观中必不可少的，它与主景相协调，与周围环境相适应，共同组成了水生景观。一棵树、一片草坪都是水生景观的配置中的配景，增加了水生景观的水面层次和动态效果。一座假山、一栋凉亭都可以成为水生景观的主景，主景不在大而在精（图4-9）。

图4-9　水生景观构图

4. 水生景观的植物配置

（1）湖区的植物配置。沿湖景点要突出季节景观并注意色叶树种的应用，以丰富水景效果，湖边植物宜选用耐水喜湿、姿态优美、色泽鲜明的乔木和灌木，或构成主景，或同花草、湖石结合装饰驳岸。湖水水面景观通常低于人的视线，植物造景与水边景观及其形成的水中倒影相结合，就能成为园林中最引人注目的景观焦点。水中植物配置切忌拥塞，要留出足够空旷的水面来展示美丽的倒影。开阔湖岸空间的植物配置，要注意远景、近景和孤植树的综合配置。湖边植物配置以适合水边生长、树形多变的针叶树、阔叶树、多种花灌木及水生植物共同组成景观。（图4-10）。

图4-10　厦汕高速公路天福服务区水生景观配置

（2）溪涧与峡谷的植物配置。溪流的植物配置应因形就势，应顺应溪流的走向，以增加曲折多变的空间变化。具体配置可应用高大落叶乔木进行疏密有致的栽植以塑造幽静的空间范围，溪边结合栽植多种水生灌木及草本植物增强野趣，山涧及峡谷种植规划及改造需重点强调其深幽感觉。

（3）喷泉及叠水的植物配置。喷泉与叠水景观效果比较精致，在园林中往往处于焦点位置。植物配置突出和强化喷泉和叠水的景观效果，强调背景或框景，配置方式应简洁，色彩宜相对素雅。

（4）堤、岛的植物配置。在水体中设置堤、岛，是划分水面空间的主要手段。堤、岛的植物配置不仅增添了水面空间的层次，而且丰富了水面空间色彩，倒影是主要景点亮点。岛的大小各异，植物配置疏密有致、高低有序，增加了层次且具有良好的分隔空间功能。

（5）湿地景观的植物配置。在湿地植物配置中，要注意传承老的水乡文化，保持低洼地形、保护原有植被、保留生态池塘。在湿地的周边区域可有效地利用片植、群植、孤植和混交等手法，实现乔、灌、草、藤的植物多样性，营造良好的绿色氛围并发挥最大的生态效益，而在低洼的湿地区，则注重特色湿地的景观营造。

（6）水体与石头、植物等要素相结合。用块石或组石进行装饰，是现代水景设计的常用手法。在服务区水景设计中，可以采用叠石堆山、石阶驳岸、水中汀步等技巧，增加水的韵味（图 4-11）。

图 4-11　石景观、水景观和植物配置

**4. 6. 6　地形与植物配置**

连霍高速公路夏邑服务区主要绿化区用堆建微地形并在地形上随意的种植大小不一的棕榈，形成自然式的棕榈小片林，并在棕榈之间及边缘点缀几棵百日红，在整块绿地的外边缘栽植南天竹模纹，树下种植细叶麦冬，植物配植由高到低、错落有致。通过堆微地形增加了种植土的厚度并保证了浅根性棕榈的成活率，在视觉上给人以具有律动旋律的美感。以高大乔木搭配中等亚乔，以四季常绿搭配换季变色及开花结果的各类灌木，种植宿根花卉或常年摆放时令花卉摆盆来形成多层次、多种形态的植物配置，并种植行道树对车辆起到引导行驶的作用。

## 4.7　服务区生态绿化

（1）生态边沟。服务区路堑、路堤边坡坡脚需要设置排水边沟，保证雨水不流向路面或路外农田。通常排水边沟形式多为矩形或梯形的浆砌片石结构，这种瓦工砌筑的边沟对安全造成了一定的影响，对发生事故的车辆及人员造成二次伤害的可能性极大，同时景观效果不佳。根据边坡汇水量，采用断面形式不同的浅碟形生态植草边沟，在汇水量较大的边坡急流槽下方迎水处设置手摆石，同时取消路侧护栏，增加路侧净宽，可以降低事故造成的危害。

（2）植物挡墙。路堑边坡开挖后，部分边坡坡面为岩质，通常会在坡脚处增设挡土墙，在硬质构造物前增加遮挡式绿化，栽植灌木和小乔木，发挥植物的遮挡柔化和消能功能，让原有的瓦工防护、硬质防护变成生态防护、柔性防护，在柔化道路使用者视觉效果的同时，降低二次伤害的概率。

（3）植物防眩。在中分带设置具有防眩功能的植物，其景观变化能大大降低司乘人员的视觉疲劳度，同时也具备防眩、引导视线的功能。结合纵曲线半径，合理设置植物高度（1.5～1.6m），强化远距离防眩效果。

（4）生态截水沟。一般根据路堑边坡和隧道洞口上方山体走向、汇水面积设置浆砌截水沟，有效防止冲刷，但从视觉景观、生态恢复和经济角度来看都不是最佳方法。结合不同地质及汇水量情况，设置土质、手摆石、三维网等多种生态截水沟，并在其边缘栽植灌木和攀缘植物，利用植物根部的固土功能，保证截水沟的稳定。在边坡上方截水沟处保留原有树木，利用树木之间空隙设置原生态土质截水沟。同时，在汇水量较大的截水沟迎水面设置手摆石抗冲刷。

（5）生态型声屏障。透明性、半透明性、陶粒式等传统声屏障虽然降噪效果较好，但是其设置位置对行车造成一定安全隐患。采用“防声林带”和“土堆式声屏障”替代传统式声屏障，有效保护了服务区声环境。防声林带采取乔木和灌木结合、阔叶树和针叶树结合的方式进行设置，可满足服务区中远期降噪需求。

（6）大边坡。我国高速公路设计中，由于受地形、经济条件等多方面因素制约，并且要保证公路横、纵曲线的顺畅，路堤边坡多数情况下都是以原地面为基准进行填筑，边坡坡率一般为1:1.5，很少有先挖后填、路面标高与周围地面标高基本持平的情况。按照“公路交通设施设计规范”要求，坡率1:1.5、边坡高度3m以下，或坡率缓于1:4的边坡可不设置路侧防撞护栏。但是在保守的安全理念下，从行车视觉角度和心理预期方面考虑，多数路基填筑高度在2m以上时就设计了防撞护栏，人为增加了部分路段的不安全因素，为二次事故埋下隐患。

（7）生态疏流岛。消除互通立交区三角鼻端通常设计为圆弧形防撞护栏，并在前方摆设防撞桶。或者在此设置弹簧性质的构造物，削减车辆撞击后的能量，降低事故严重程度。“生态疏流岛”即在服务区合流三角鼻端区域填土，进行地形改造，高度要求在50cm以下，并栽植草花和小灌木，保持视线通透；在分流区三角鼻端区域进行50～100cm的地形改造，并栽植灌木和小乔木，起到生态分流岛作用，同时将地点指示标志向远离互通鼻端方向移 10m 左右，保证安全距离。三角鼻端选择色彩突出的植物进行栽植，起到警示作用。

（8）乔木栽植方式。高速公路路侧在路堑边坡或碎落台栽植的植物，多数有向高速公路方向倾斜的生长特点，侵占了路侧净空，给道路使用者带来视觉和心理上的压抑。因此，对在建的高速公路，要求该部位乔木、亚乔木栽植时，要向边坡方向倾斜 10°～15°角，减小公路运营期树木向高速公路方向倾斜幅度，避免对行车造成危险。

# 第5章　高速公路服务区综合楼建筑设计

## 5.1　服务区综合楼设计新理念

服务区建筑设计要以具有传统文化特色的中国现代建筑为要点，对复杂功能进行合理规划，保留特色建筑风貌和传统聚落空间格局，要重点突出本土风景和建筑特征，使用建筑细部可以表现当今建筑技术，反映建筑工艺水平及建筑文化的一些特征。服务区建筑设计应将服务功能、道路功能与建筑艺术和谐地结合，体现高速公路的时代感和现代化水平，形体与色彩要丰富、要有明确的标志性，营造出高速公路快捷、舒适、现代的氛围。

（1）与自然地形、环境山水协调

服务区建筑位置选择及布局形式应充分利用特色自然景观，通过借景从体量、形式到颜色将建筑融入自然，突出地域性、标志性、古韵性的特征。

（2）展示地域文化、风土人情

不同的地域自然环境造就了千差万别的建筑形式和建筑元素，这些也是当地建筑文化的集中体现，具有唯一性，运用当地传统建筑的符号、形式、颜色、材料、技术等不仅可以增加服务区的艺术特质，同时可以增强服务区的可识别性。凭借对自然的感悟，古今中外不少建筑师遵循着民间建筑的法则，顺应各种不同的环境而演绎出乡土气息浓郁的地域建筑文化特色（图5-1和图5-2）。

图5-1　西汉高速公路秦岭服务区建筑

图 5-1 中的西汉高速秦岭服务区，结合传统与现代的设计元素，建筑采用灰色坡屋顶、白色墙面，辅以部分主体土黄色砖砌，景观设计中水车的利用等都属于众多服务区中难得的特色建筑，体现了秦岭南麓地域的特色。

图 5-2　济青高速潍坊服务区特色产品市场

服务区在设计时应集中考虑当地的艺术作品、生活器具、古代文物、各种制度、学术成就等历史文化元素，把握风俗、礼节、习惯等风土人情，在吸取历史和人文精髓的基础上，对传统文化加以提炼、概括、运用，使传统文化在服务区的设计中得到升华。

图 5-2 中济青高速潍坊服务区把当地的特色产品引入到服务区中来，以潍坊特产而出名，潍坊萝卜、风筝、临朐奇石等都为服务区增色不少，吸引了大量的游客驻足。

（3）传递与交流社会信息

高速公路以与外界隔离的方式实现行车的高效和安全，服务区应该是信息交流的场所。在建筑设计方面，在尊重规划特点和用地指标等规范的前提下，安排充足的休息区，合理安排展示空间、交谈空间、娱乐空间等并辅以广告公告栏等，以利于信息的传递与交流，将最接近市镇的风土人情融入使用功能安排中，创造出和谐生活状态，传达真切朴实的社会信息。

（4）合理规划复杂功能，保留特色建筑风貌和传统聚落空间格局

综合楼是餐饮、购物、住宿为一体的设施，服务区的建筑设计要重点突出本土风景和建筑特征，使用建筑细部表现当今建筑技术，反映建筑的工艺水平及建筑文化特征。深入进行有风格特点的细部设计，有意识地运用典型细部设计，创作鲜明特色的建筑作品，丰富、发展当代公路建筑设计水平（图 5-3 和图 5-4）。

百色服务区保持了广西及中国民居建筑“白粉墙、吊阳台、坡屋面”等特点，运用了骑楼和吊脚楼建筑特点，具有浓郁的南方民族特色。

宁常高速公路沿线的茅山服务区依山傍水，景色优美，体现了茅山道教文化特色。

（5）新材料新技术在服务区建筑中的运用

服务区在设计时不仅要把握当地传统的地域文化，更要在此基础上注重新技术新材料的运用，注入新时代的气息，体现时代的变迁，创造出变化着的、前进着的地域文化（图 5-5）。

图 5-3　衡昆高速公路百色服务区建筑

图 5-4　宁常高速公路茅山服务区建筑

图 5-5　连徐高速公路邵楼服务区

（6）运用节能技术实现可持续发展

服务区的建设运用节能技术实现可持续发展将对缓解高速公路沿线自然资源紧缺、保护生态自然环境起到重大的推进作用，对建筑节能、实现绿色建筑普及起到示范作用（图5-6）。

图5-6　京昆高速公路宁陕服务区

宁陕服务区采用太阳能热水供应系统、新风换气系统、顾客自助淋浴间和自助纯净水饮用系统、景观茶座、多功能服务厅、室外器械健身设备等，是实现环保、节能、创新理念的一处代表性工程，服务区西区依山而建的客房和六角亭茶座独具特色。

## 5.2　服务区综合楼功能分区及平面组合

### 5.2.1　综合服务楼功能组成及分区

服务区综合楼的功能组织形式具有多样性的特点，它们既没有统一的组成内容，也没有不变的组成结构，仅有相对稳定的功能组织基本原则和关系。综合服务楼包括基本功能（餐饮、如厕、休息），拓展功能（购物、住宿），升级功能（银行、休闲娱乐、商务通信及保健医疗）三部分。综合楼在设计过程中，要考虑到各部分功能要求、不同功能用房之间的联系和可能产生的相互影响，因此功能组合的首要问题是把各类用房分成若干相对独立的大区域，并使它们在总体关系上既有必要的联系，又有必要的隔离，尽量做到“内外有别”和“动静分区”。

（1）综合楼主要的功能都是直接对外的，各功能分区既相对独立，又互有联系，所以除标志性建筑物（例如钟塔）外，一般不超过三层。对外服务的免费休息室、餐厅（含快餐厅、小餐厅）、超市（含内外）、公厕、客房总服务台等尽量设置在同一幢综合楼内或以连廊连接，并一般设在一层，以较短交通流线连接起来；为了防干扰，部分用餐单间、办公机关、客房一般设置在二层及以上，通信站为了防潮安全，也应尽量设置在二楼或以上；三层以客房为主或将客房安排在附楼内，在面积允许的前提下，可考虑设置职工活动室。免费休息室、快餐厅、超市、公厕的室内净空高度应按预留吸顶式分体空调位置考虑。

（2）“内外分区”就是要解决办公管理区和餐饮服务区之间的分区，使内部办公管理用房和餐饮休息用房有明确的划分，同时考虑客房和其他服务用房的独立分区。综合楼的功能中，办公室、宿舍等都属于内部管理用房，而其他餐饮、公厕、超市、客房等都属于对外开放服务区域。内外两类用房区域间要有明确的分界，以避免形成不必要的干扰。一般在平面布置中，常常考虑分层布置，将服务类用房如餐饮、公厕、超市等布置在底层，而将内部管理用房置于二层或三层，避开活动人流交通穿越。

（3）“动静分区”就是在合理解决主要功能的分区后，还要解决好旅客内部活动相互干扰的隔绝问题。根据不同功能用房的特性，将各类用房分为“闹、静、动”三种类型，并相对集中布置。综合楼的餐厅、超市、公厕等属于“闹”的一类，产生较大响动且人流密集，而休息厅、客房等属于“静”的一类，产生响动较小，人流相对较少且分散；其他的一些功能用房如医疗、保健等产生的响动不大，但也有人流集中或频繁流动的干扰，属于“动”的一类。为了合理组织这三类用房，应尽可能将不怕交通干扰的服务用房沿外侧布置，减少高速公路噪声的干扰，同时也方便人流的疏散。

### 5.2.2 服务区综合楼流线组织

（1）服务区综合楼服务对象是经过长时间旅途跋涉的人群，从这些人群流动的特点来看，呈现着集中与分散、有序流动与无序流动以及交叉进行的各种不同流动状态。

（2）餐饮楼、客房楼宜连建，餐厅、客房、免费休息所、超市、公厕和办公用房等尽量设在一栋综合服务用房内或以连廊连接，连廊可防雨雪和日晒，可大大方便旅客，也利于服务区管理，避免人流和车流的交叉。餐厅、免费休息所、超市、公厕一般设在一层，以较短的交通流线连接起来；客房、办公和宿舍可置于二层及以上，在面积允许的前提下，可考虑设置职工活动室。

（3）服务区内的餐厅、休息厅、超市、公共厕所等是服务区的功能主体部分，其位置要充分考虑人流、车流的方向和人们的使用习惯，尽量缩短使用者的步行距离。将干扰大的功能用房邻近主要门厅和出入交通最为直接的部位，而将干扰小的功能用房依次置于远离门厅的部位。餐厅的人流既是大量集中的，也是定时有序的，对于餐厅集中而有序的人流，应以最短捷的流线集散，减少对内部其他功能的干扰。超市、小卖部及医疗保健等人流是分散无序的，在功能组织时，宜将餐厅、超市定向集散的用房，置于紧邻门厅或入口休息厅的部位。服务区外卖部宜靠近大型公厕或与大型公厕合并设置，超市里出售当地名优特色的食品和纪念品，在外卖部门口宜预留自动售货机的位置。

（4）就综合服务楼设施与停车场的关系而言，使用食堂（快餐）的多为开小汽车和小型货车的人，在小型专用停车场附近布置具有地方特色的餐厅和快餐厅，时间宽余的旅客可以坐下来慢慢品尝，着急的顾客可以利用快餐厅；公共厕所多为大型客车乘客使用，在大型专用停车场附近布置公共厕所；免费休息室（厅）及超市为各类车辆使用，则免费休息室和超市应布置在中间。

（5）车辆从高速公路驶入服务区，公厕的人流是量大集中的。据统计约有80%的乘客从高速公路上下来后，第一时间就去公共厕所。对于人流量大而集中的公共厕所，宜布置在距停车场较近又便于出入的位置，最好设有单独的出入口。

### 5.2.3　服务区综合楼空间组合方式

根据前述空间布局的一般原理，结合服务区综合楼的特点以及与周围绿地广场和停车的空间协调关系，总结出当前相关工程中空间布局的组合结构，其基本形式可分类如下：

1. 前广场型

前部为主要广场和停车场，位于服务区总体布局的后部，综合楼与高速公路之间有一定的距离。根据整个服务区规划的需要，建筑形态可采用对称或不对称的构图布局。对称的布局一般以主入口中心线为对称轴，并与广场几何对称轴重合，两侧对称布置建筑形体。其建筑内部空间的布置则不一定需要绝对对称，只要求建筑形态在广场中具有对称的视觉效果。一般情况下，目前的服务区综合楼采用前广场型的较为常见（图 5-7）。

图 5-7　天福服务区的前广场型

2. 内广场型

建筑主要人流集散广场伸入或部分伸入建筑主体界定的空间，成为建筑整体形态构成的主导元素，并形成具有一定封闭性和内聚性的开放空间。对于服务区的整体布局来说，内广场型的布局，需要合理地组织好停车的流线，由于广场位于建筑的内部，综合楼将处于醒目的位置，在设计过程中要特别考虑到可识别的建筑标志。目前，内广场型布局方式较为少见。

3. 庭园型

建筑空间布局的主导因素是构成形态丰富的庭园空间（包括中庭空间），用以创造优美宜人的室内外环境。庭园型布局有利于通过室内外空间的相互渗透和融通，扩大室内外空间和亲近自然环境的空间视觉效果。同时这种空间布局也能给旅途劳累的乘客带来一种亲切感和舒适感。这种布局既有利于良好的采光和通风，又有利于建筑节能、降低经营管理成本。此外，丰富的庭园空间也具有中国传统建筑的特征，体现中国特色，深受广大群众喜爱。

4. 自由型

此类空间布局基本不受外在空间环境的制约，在建筑形态上比较活泼自由，能充分满足其内部功能技术要求和完美地表现自身的视觉形象和个性特征，建筑空间的形态能与自然环境（包括地形、地貌和气候条件）取得最为和谐的关系。这种布局在高速公路服务区中较常见。因其四邻较少环境制约条件，空间布局具有较大的自由度，建筑形态也可充分发挥设计的创造性，有利于塑造出富有特色的景点，体现地方特色，形成可识别的标志（图5-8）。

图5-8　台湾东山服务区鸟瞰图

### 5.2.4　服务区综合楼平面组合方式

综合楼的平面布局要合理组织房间，考虑与周边环境的协调，占据好的朝向和景观，明确动静和内外分区，并兼顾某些用房的特殊性。常见基本的平面布局形式有以下几种：线型（一字型、L 型）、庭院型（围合型、U 型）、组合几何型等，还有在此基础上演变的自由布局型（图 5-9）。此外，平面布局还有基本的几何图形构成二元式的空间的平面示意，两种图形间通过连接、包含、接触、相交等组合在一起（图 5-10）。

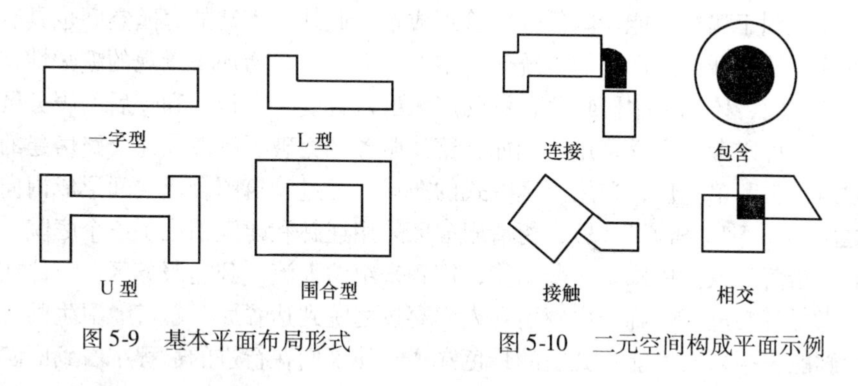


图 5-9　基本平面布局形式　　图 5-10　二元空间构成平面示例

（1）线性串联式组合

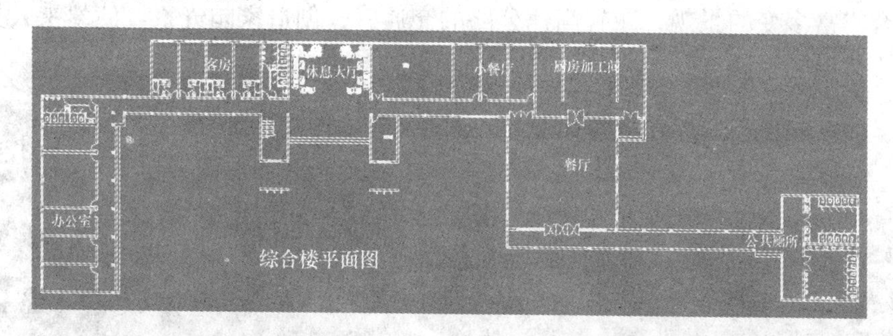


图 5-11　某服务区综合楼平面设计图

这种空间组合方式多用于纵向型前广场式服务区。在综合楼空间设计中将公厕、餐厅、超市、客房等服务设施沿广场一字排开，各功能空间之间通过连廊或过厅等方式连接起来。这种组合的优点是各功能空间联系简洁、顺畅，综合楼进深方向占地较小，适合于规模不大、用地紧张特别是进深方向占地较小的服务区。综合楼尽量靠远离主线方向用地端部布置，以便留出足够的停车和休憩的广场空间。这种空间组合方式的局限性是由于线性连接不能保证各功能空间之间联系的均匀性。

图 5-11 综合楼平面图中，公共厕所应设兼防雨雪的门厅，并与餐厅、免费

休息所等用雨廊连接。

（2）庭院式组合

其建筑空间布局的主导因素是构成形态丰富的庭园空间，包括中庭空间，通过庭院将各服务功能空间有机联系起来，达到通达便捷、方便使用的目的，并且创造优美宜人的室内外环境。庭院型布局有利于通过室内外空间的相互渗透和融通，达到扩大室内外空间和亲近自然环境的空间视觉效果。同时这种空间布局也能给旅途劳累的乘客带来一种亲切感和舒适感。这种布局既有利于良好的采光和通风，又有利于建筑节能、降低经营管理成本。此外，丰富的庭园空间也具有中国传统建筑的特征，内部设置传统建筑中的四合庭院，增加了景观的趣味性，丰富了建筑空间，体现了中国特色，深受广大群众喜爱。在目前和今后的服务区设计过程中，可以考虑广泛采用。例如，德清服务区突破了一般高速公路房建的封闭性建筑景观和单一性，采用了庭院式的布局，通过建筑围合成空间形成内向安定的庭院（图 5-12 和图 5-13）。德清服务区采用连廊和建筑围成了三个庭院，大小不同，错落有致。用廊来区分功能，用廊来组织人流。到达服务区，车停在挑檐下，人可直接进入敞廊，由廊引导人们穿过庭院到达餐厅、超市、卫生间等处所。敞廊能阻挡风雨也能让庭院的景色穿透，使人们在行进的过程中看到庭院的美景得到休息和放松。利用建筑和连廊最大限度地隔绝了主线和停车场的干扰，并结合丰富多变的景观，减轻高速公路的交通感，创造家园气氛，使驾乘人员达到安心休憩的目的。

图 5-12　申嘉湖杭高速公路德清服务区景观图（一）

图 5-13　申嘉湖杭高速公路德清服务区景观图（二）

### 5.2.5　服务区综合楼设计要点

（1）综合楼与停车场的距离宜在 20m 至 45m 之间；它们之间的连接道路应用高大树木绿化遮阴，防止停车场上的车辆对综合楼的干扰；若有河塘、湖泊等，综合楼内的休息厅、餐厅应靠近它们设置，让休息厅和餐厅内的旅客获得良好的景观享受；在每侧室外停车场处宜适当设置水龙头及雨水井，以方便驾乘人员的使用。

（2）对外服务的免费休息室、快餐厅、超市要注意其景观设置，室内空间应宽畅通透，尽量不设或少设柱，也可合并在一起设置成大空间，休息人员向外眺望有良好的景观，舒解疲劳。外墙尽量采用大玻璃通窗，便于吸引建筑外人群进入。

（3）规模大的服务区、受地形限制的服务区以及眺望环境良好的服务区等，不应限制在一栋单体内，而应考虑使用形态、地形等进行规划设计。

（4）同一服务区的建筑风格应协调一致。不同服务区应根据地形、地物及当地的建筑特色，构成不同的建筑风格。综合楼形体应富于变化，外立面、屋面等色彩醒目、亮丽，便于识别、吸引驾乘人员休息。建筑物外部式样要统一，必须考虑增强景观效果。搞好服务区的总体布局和综合楼的建筑造型，首先画出服务区的平面图及竖向图，定出服务区建筑群的风格基调。

（5）休息室里设多种类型的自动售货机，24h 为顾客服务，超市和餐厅工作人员下班后，顾客也能买到基本的用品。

（6）综合楼应考虑设置残疾人对外通道，方便残疾人使用，体现以人为本的建筑设计精神。在公共厕所内单独设置残疾人厕所，停车场及坡道也要考虑残疾人专用设施。

## 5.3　服务区综合楼建筑形态设计

### 5.3.1　综合楼建筑造型的特点

综合楼的设计是建筑师对特定场所意义的把握及其恰当表述的结果。在快速交通的环境下，如何满足功能的要求？建筑设计如何体现服务区的特色？这是我们在创作伊始就要思考的问题。其关键在于对环境脉络关系的理解和把握。这里的广义环境概念包括自然环境和人文环境、历史环境和当代环境。尊重环境，讲求文脉，是当今社会可持续发展思想在建筑设计当中的体现。建筑表达的不仅是设计语言中的某些词素，它更应是结构与形式的内在关系在特定关联域中的反映。

1. 标志性

交通建筑是现代人们交通必不可少的服务场所，因而其建筑造型往往会引起人们的关注，并以其整体形象、局部形式、环境设施或装饰色彩的独特个性形成人们观赏的视觉焦点，显示了特有的标志性意义。服务区综合楼的标志性是指具有表达地域文化特点、各项服务设施等多层次审美意义的视觉效果。建筑风格应该从服务区整体形象、建筑细部形式、环境景观、建筑材料以及建筑色彩等方面进行设计，体现服务区当地的标志性特征。

图 5-14 法国某服务区的建筑造型别致，体现了法国传统艺术的浪漫主义色彩

（1）表现地区及民族文化特色

具有表现地区或民族文化的特点的建筑标志性，并不只是当地传统建筑形式简单的再现，而是反映时代精神的再创造（图 5-14）。

（2）表达设施区位

建筑的标志性用于表达服务设施的区位意义时，其造型更加强调其环境的标志作用，并具有明显区别于其他建筑背景的视觉特征。服务区的造型设计更应该有突出的标志，让长途旅行者能够在远方辨认出其可识别的标志。如沈山高速兴城服务区，直接横跨高速公路，司机在远方就可以清晰地辨认出高速公路服务区，有一定的导向性。随岳中高速公路宋河服务区在建筑风格上，将中国传统的坡屋顶运用到建筑设计中，结合现代玻璃幕墙的设计手法，通过界面上的虚实对比，以及塔楼与裙房的高低搭配，在构图和立面上能够达到很好的均衡效果。同时在色彩上不做夸张处理，使得建筑更容易融入周边的绿化、水系环境之中，形成建筑与绿化、建筑与水面的和谐统一（图 5-15 ~图 5-17）。

图 5-15 随岳中高速公路宋河服务区综合楼方案

在均川服务区设计中，玻璃天窗的采用将天空的景观纳入室内，既丰富了立面造型，又诠释了建筑、山体、天空三者和谐统一的设计理念。

2. 地域文化性

建筑创作大师吴国力也特别提到建筑创造要从地域性入手，他强调了建筑的地域性问题，认为“对地域性的处理的好坏是一个建筑师是否成熟的体现”，因此综合楼的设计要体现地域文化性，其建筑形象要带有当地自然环境和社会环境

图 5-16　随岳中高速均川服务区
综合楼的主入口雨篷

图 5-17　随岳中高速均川服务区
综合楼的餐厅

的印记，显示出自身的地区性特色。建筑造型的地区性特色是一个广义的概念，它主要表现了当地的地理环境、社会文化和经济技术三方面的影响。

（1）对地形、地貌的反馈

服务区规划在进行选址时，相当一部分地段有着保存完好的自然生态景观，或有着绿树成荫的小山，或有着波光粼粼的水面，极适合在高速公路上奔波的人们的小憩与休息。建筑设计将自然景观巧妙地融入到服务区规划设计中，建筑本身从建筑体量、建筑色彩以及建筑材料等方面结合基地地形地貌进行设计，达到建筑与自然景观的和谐统一（图 5-18 和图 5-19）。

图 5-18　宁杭高速公路太湖服务区

如位于太湖之滨的宁杭高速公路太湖服务区，通过对服务区、建筑单体、结构、水暖电等方面进行规划，综合考虑基地地形地貌、自然环境景观与生态性、人性化设计理念，活泼的建筑造型，均注重了与自然地貌的融合，共同构成了风光秀美的服务区，将“以人为本”的思想理念充分体现于建筑设计之中。

均川服务区采用中国传统木构元素，在入口雨篷处采用中式建构的式样，内部装修色彩以原木色彩为主，重现了原来的山地环境特色，再现了荆楚建筑的风韵。

图 5-19　随岳高速均川服务区

（2）对地域文化的诠释

地域文化是指特定区域历史悠久、极具特色、传承至今的并且对现代社会发展还具有影响的文化传统。它的形成是与所处地域的自然环境、地形地貌、气候等因素密不可分的。地域文化的内容涵盖较全，包括自然地理风光、民族宗教信仰、文物古迹、民间工艺和历史人物事件等。不同地理环境、不同的人文社会有着不同的区域文化，这些区域文化构成了区别于其他地域的文化，具有极其鲜明的地域特色。地域文化的个性鲜明，造就了不同地域的不同建筑风格，塑造出了多样化、独特的建筑设计手法与建筑技术。同时，这种迥异的建筑风格也向人们展现不同地域环境下的人文地理环境，地域文化具有极其鲜明的象征性，给人以鲜明的地域印象（图 5-20）。

图 5-20　宁杭高速公路太湖服务区

地域文化及其建筑风格在多元化设计中有着重要的地位。建筑学有着一般性的设计规则，但是针对不同的地域环境，也有富有个性的地域特色，有着其特殊规律。可以说，建筑多元化风格是其建筑特征一般性与地域环境特殊性的结合。只有将两者结合为统一的有机的整体，才能真正把握好服务区建筑风格的发展。

例如，宁杭高速公路宜兴太湖服务区大楼外观造型新颖别致，呈珍珠贝壳形状，蕴含“太湖明珠”之意，服务区坐落在著名的太湖西岸，背靠天目山余脉与长江三角洲的苏州、无锡、湖州隔湖相望。登上二楼观景台，极目远眺，水天一色，碧波万顷，令人心旷神怡；漫步堤岸，湖光帆影，让人流连忘返。服务区内绿地是整个景观的重要组成部分，每当春暖花开时节，可谓花红柳绿、草长莺飞，四季都是绿草成茵、修竹成林，构筑一幅美丽的风景画。

3. 综合性

为广大司乘人员服务的综合楼，一般情况下都处于较为偏远的地区，因为高速是封闭的，因此综合楼的服务要全面、周到，多方位为司乘人员考虑。既要满足其长途劳累所必需的生活用品，还要能够缓解其旅途中的疲劳，提供一些必需的休闲服务。

### 5.3.2 空间形态的视觉环境要求

服务区综合楼作为高速公路沿线的交通建筑，它不仅应为沿线旅客提供舒适便利的物质空间环境，而且还要满足社会审美需求，给人以赏心悦目的精神享受，更好地解除旅途的疲倦。因此在空间组合设计中，也应充分重视其外在建筑形态在视觉环境中的积极作用，创造出完美的沿线建筑景观。

1. 综合楼的建筑形态与服务区总体环境相协调

根据综合楼建筑内部功能要素确定空间组合布局，在外部表现为一定的建筑实体形态（简称建筑形态），并成为整体空间环境的构成元素。建筑空间组合的外部形态既要与服务区周边地域环境相协调，又要纳入服务区总体空间环境的调控中统一考虑。根据所处具体的空间环境，考虑地域性的原则，寻求内外空间组织的最佳结合点。综合楼的设计要体现地域文化性，其建筑形象要带有当地地理环境、社会文化和经济技术的印记，显示出自身的地区性特色。

如皋市是历史文化名城、长寿之乡和内方外圆“铜钱”式运河，将这些独有的特色历史和地域文化通过夸张、变形等处理手法，提炼出能够体现设计理念和设计思想的元素。如以“铜钱”作为形态设计元素符号，以“寿”作为文字设计元素符号，以青砖、老银杏树、上亿年的石化石、青花瓷等作为设计元素和符号（图5-21和图5-22）。

2. 综合楼的建筑形态与社会审美环境的协调

综合楼的建筑形态要符合公众审美一般规律，造型设计应该有突出的标志，让长途旅行者能够在远方辨认出其可识别，具有明显区别于其他建筑背景的视觉特征。作为交通建筑，服务区综合楼主要体现服务性、休闲性、文化性和综合性的特点，设计者应赋予综合楼建筑形态以鲜明的地方特色和民族特色，体现交通建筑独特的标志性。同时赋予服务区建筑独特性、创造性和时代感的视觉形象，给

图 5-21　连盐通高速公路如皋服务区综合楼和内广场为外圆内方（建筑为圆型，内广场为方型）

图 5-22　连盐通高速公路如皋服务区加油站顶棚设计成向天空展开的六朵五彩金花式的结构，紧扣“花木之乡”的地域特色

长途旅行者创造一个既具有地域特色又具有强烈时代感的建筑形象。具有表现地区或民族文化的特点的建筑标志性，并不只是当地传统建筑形式简单的再现，而是反映时代精神的再创造。

图 5-23　沈山高速兴城服务区

沈山高速兴城服务区（图 5-23）建筑主体为造型优美的欧式风格，横跨高速路的钟塔桥是它的标志性建筑物，司机在远方就可以清晰地辨认出高速公路服务区，有一定的导向性。

### 5.3.3　服务区综合楼建筑立面设计

1. 立面尺度的定位

建筑界面的设计是依据普遍的、大多数人的视觉和心理感受，对于临近高速公路的界面设计，横向尺度很重要，它影响人对长度的判断，司乘人员坐在快速行驶的车上，建筑立面横向的连贯性和整体性能给司乘人员良好的视觉感受，适当缓解眼睛的疲劳感。现代服务区设施用地紧张，服务区建筑有向集中式发展的倾向，服务区建筑的外部空间环境主要是创建宜人的休息环境，这是由服务区的特殊性和人性化原则决定的，应弱化场区内建筑的纵向立面尺度；其次应考虑外部空间环境的形式，尤其靠近高速公路的立面，对于不同形式的建筑立面尺度设计应采用不同的方法；形成临近停车场的建筑界面一般距离人较近，宜强调近人的尺度，根据进深，即人眼所能观赏到的距离，兼顾远景和近景对尺度的判断。

2. 立面尺度感形成的方法

立面的凹凸与阴影（窗洞、阳台或建筑构件产生）、相同或相似材料的划分、不同材质和色彩之间的变化都是形成立面尺度感的因素。为了弱化建筑的高度以及高度带来的非人尺度感，强调水平的线条，除了利用开洞和材料的划分、对比，还可以出挑水平的构件如雨篷等进行覆盖、立面层层后退形成水平的建筑轮廓等手法。尺度设计应随高度作简便的处理，越高的部分距离人眼越远，立面材料选择和划分宜大、宜形成整体效果；基座部分，即近景人可感受的部分体量、材料，划分宜小，使人感觉变化丰富、有助于接近人的尺度（图 5-24）。

图 5-24　台湾东山服务区内综合楼立面图

水平方向的尺度感，可以通过节奏变化来设计，通过立面的凹凸进退，利用开洞、材料和色彩的划分、对比进行，也可以利用附属的装饰形成节奏感。尺度的大小即产生变化的距离是关键。在考虑立面的节奏感时，人的速度也是节奏大小的一个影响因素，在不同的建筑立面高度采用不同的节奏感，可以兼顾人行和车行速度不同而产生对节奏大小的不同要求，由此产生的节奏感又符合纵向的尺度变化。

3. 立面细节设计

建筑是一个不同尺度层次的空间系统，当一个人接近或进入一栋建筑时，随着距离的不同，只有存在下一个更小的细部时，才具有吸引力、趣味性和丰满度，否则，建筑会枯燥无味。亦即建筑的体验随着观赏距离的变换需要相应的尺度层级的支持，丰满的细部、连续的韵律是建筑构成的不可或缺的要素。

赛灵格勒斯认为小尺度同大尺度的联系是通过一种关联的层级结构，这种层级结构具有一个近似的比例系数 $e=2.718$。例如，对于4m的房间而言，理想的尺度层级的分布应该是｛400，150，50，20，7，3，1，0.3cm｝（图5-25）。

图5-25　上瑞高速公路九华服务区

上瑞高速公路九华服务区的建筑设计运用了分形的尺度层级理论进行尺度把控。以A区综合楼为例，综合楼5层24m高度形成建筑总体轮廓；建筑第二级轮廓线以8m的柱网划分，主楼竖向线条也为8m间距；第三级轮廓为建筑开间，宽度为4m，层高与外装修分隔线也为3.9m；第四级轮廓为可开启窗扇，高度以1.5m划分，公共卫生间窗洞高也为1.5m；第五级轮廓凸出墙面的竖向线条宽度为0.5m；第六级轮廓为窗套，厚度为0.2m；第七级轮廓为外贴墙面砖以及门窗框，宽度为0.06～0.07m。这样就得到一个集合｛24，8，4，1.5，0.5，0.2，0.07｝。计算相邻的两级尺度比率 $x_{i+1}/x_i$，得到结果为：｛3，2，2.7，3，2.5，2.9｝，显然，这种层级结构接近比例 $e=2.718$。九华服务区综合楼建筑通过尺度层级紧密联系在一起，而且每一个层次上的结构又与上一级层级相衔接，立面设计采用简洁明快的现代元素，通过各组成部分的有机穿插和组合，形成富有层次的立面丰度，不同的观赏距离对应有不同的细部，对高速公路产生运动、起伏的联想。

### 5.3.4　服务区综合楼的造型语言和设计手法

（1）造型语言的基本构成。建筑造型是一种专用形式语言，它是以视觉图像为物质载体，以形态要素为构成素材，并以构图技法为组织结构的图像信息体系。

（2）形体造型要素的运用。在进行功能分区的同时，将建筑空间归纳为若干个功能体块作为造型设计的基本空间素材。功能体块的组成和规模大小是由设计任务决定的，其布局、形状和造型处理却可完全不同。形体要素在建筑造型设计运用中逐步演进，从功能分区（根据功能体块选择形体），到空间布局（结合造型调整形体关系），到完善形体。

（3）色彩要素的运用。色彩要素在交通建筑造型中的运用，较其他类型的建筑造型更为突出，充分表现了它在塑造建筑个性和营造环境氛围上的重要作用。色彩要素在配合形体要素的运用中，主要表现如下三方面：

①色彩强化作用。在建筑造型设计中，通常利用色彩冷暖和明度的对比关系来增强建筑形体的立体感和空间感，达到较强形体表现力。在建筑形体需要着重表现的部分（如凸出的阳台、壁柱或门窗等），相对提高色彩的明度和对比度时，配合以色调冷暖的变化。

②色彩调节作用。受经济技术和使用功能等多种客观因素的制约，有时建筑形体造型会显得过于简单，或显露出某种造型缺憾。为了弥补形体造型上的不足和欠缺，利用色彩的视觉调节作用是最为经济而有效的办法。

③色彩组织作用。受基地条件、功能关系和经济技术条件的制约，建筑造型时常会出现形体过于复杂或群体关系过于松散的情况。为增加建筑整体统一的造型效果，常利用色彩的组织作用将复杂松散的形体关系转化为简单统一的构成关系（图 5-26）。

图 5-26　沪宁高速公路澄阳服务区综合楼建筑设计使用明快的色彩

（4）材质要素的运用。不同的质感表达不同的界面感受，如大理石是高雅的，金属是冰冷的、是高科技的代言等。素雅或是浓烈，朴素或是奢华，不同的材质给人的感受也不同。性质相同的界面形式在材质不同时会产生完全不同的效果，甚至尺度大小、视距远近和光照强弱都是材质的重要影响因素。因此在服务区设计中，既要考虑材料本身的特性，又要考虑组合搭配的效果，既要考虑对人的交往需求，又要考虑经济施工方面的实际问题。

图 5-27　某服务区建筑运用地方材料体现地方特色

某服务区运用新型的材料与合理的功能相结合，提高服务区的可识别性；采用新技术使服务区更能满足保护环境、降低能耗等的要求（图 5-27）。

（5）抽象艺术造型借鉴。所谓“抽象”即是与“具象”相对立的概念，是艺术表现的对象，来自原型，又异于原型，是采取把原型经过概括、综合、简化，表现为具有几何倾向性的形态。由于建筑造型固有的抽象性和象征性的艺术特性，现代抽象艺术以其新的审美理念对现代建筑运动产生过深刻的影响。在建筑造型设计的时候，结合设计实践深入领会和借鉴运用抽象艺术，激发艺术想象力，丰富建筑造型语言。

图 5-28　某服务区主体建筑仿 747 飞机造型

图 5-28 中的服务区主体建筑意象为 747 客机，呈圆弧状飞机头及机身为旅客休息大厅，机翼为公厕，停机坪即停车场。

## 5.4　服务区综合楼建筑技术设计

### 5.4.1　服务区供水系统

（1）水源

服务区水源大致分为单一水源和复合水源，单一水源指自来水、井水；复合水源指自来水与井水的结合重复循环系统。服务区用水主要包括饮食用水、清洗用水和园地用水等，考虑到服务区用水量较大，城市自来水价格较高，如完全使用自来水会不经济，因此宜采取打井取水的办法，使用复合水源。在这种情况下，饮食用水要使用自来水，其他用水可直接使用井水水源。如服务区远离城市，没有自来水供给，井水便可能成为唯一的水源。因此在服务区选点时就须进行水源地质调查，在服务区启用前应设置净化水设施，除去或尽可能降低氟等有害物质，保证饮食用水达到国家标准。服务区除免费供应开水外，有条件的服务区可以在大厅内和室外冷饮茶座处设置直饮喷水，用先进的水处理设备，把无污染的河水处理成可直接饮用的纯净水，通过感应不用动手就可饮用到真正的山泉水，减少一次性饮用水瓶和一次性口杯的白色污染。

（2）供水方式

供水方式分为直给式和水箱式，水箱式又分为压力水箱式和高架水塔式。高速公路服务区地处郊外，采用直给式稳定性较差，高架水塔式相对造价较大，电动气压给水设备质量稳定，经济性好，一般采用压力水箱方式。

采用太阳能和空气源热泵联合热水供给系统是服务区最突出的创新，此系统可以承担服务区的住宿淋浴、公共卫生间的洗手、开水炉（预热水）24h 的热水供给，当夜间或阴雨天水温不能满足使用要求时，空气源热泵自动工作提高水温，保证任何一处用水点打开水龙头 2s 就能流出热水。空气源热泵制热水时产生的冷风（气）还可以循环利用，将冷风（气）通过风管通入食堂的库房，主、副食库就成为一个廉价的冷藏室，实现了能源的阶梯形利用。整个热水供给系统采用自动控制降温，避免冬季管道冻裂，夏季采热管过热，影响系统寿命，除检修外无需人员管理。利用太阳能资源，针对经常有大车司机在盥洗间赤身擦洗现象，公厕外盥洗间设置自助淋浴间，供司乘人员使用。洗浴管理采用科技产品的设计，用磁卡开门，进门插卡灯亮，背景音乐自动响起，内设新风机，用无级变速开关控制进出风量。消防水池和生活水池设在山顶，利用山顶与山底高差，服务区消防、生活用水的压力靠山顶水的势能供给，减少了建设的一次性投资，体现了服务区持续性节能。

### 5.4.2 服务区污水处理

（1）污水处理方式

服务区排污有两种处理方式，一是将污水直接引放到公共下水道，有条件的地方最好能利用城市统一污水处理系统；二是自行设置污水处理设施，在满足了当地限定的水质标准后可排出。污水处理设施原则上采取上下线集中型。污水处理方法分为一级处理、二级处理和三级处理共三个阶段。所谓一级处理，是使流入的污水进行物理沉淀，污水被厌气性细菌消化分解，此法对滤除浮游物和脱氨较为有效，但生物需氧量指标不能明显下降。二级处理可使污水氧化，使水中的浮游物、溶解性物质、氨等完全变成稳定形态，从而使污水得到净化。三级处理，严格地说是二级处理后的继续处理，可提高水质净化程度。

绝大多数服务区对污水处理重视不足，污水不经处理便直接排放出去，对生态环境极为不利，也会引起周围群众的不满。近一些年，随着对水源的保护意识、重视程度的提高，实施污水处理、回收利用，利用中水进行冲厕、浇灌、洗车等。因此，管理部门要制定防污规划，初期可选择小型污水处理设备，实现一级处理。中远期视财力和社会要求再行改造，努力达到二级处理水平。

（2）污水处理注意事项

关于污水处理设施的结构布置，要尽量减轻维护管理负担，注意研究如下事项：

①污水处理设施结构，从降低工程费用和利于发现问题并实施维修角度考虑，以半地下式为标准。

②污水处理设施的位置选择，原则上应能使污水沿自然坡度流向低处为好，其位置应尽量接近一般公路，以便污泥输送。

### 5.4.3 服务区强电系统

服务区电气设施，包括停车场、广场及园地的道路照明和餐厅、免费休息所、旅馆、超市、公共厕所等建筑物内的照明，还包括低压设备和附带的动力设备、配电设备以及连接这些设备的电线管路等。在规划阶段，应对配电设备的路线、位置、管线数量及设备配置原则进行充分研究，在大致决定休息设施的平面布置时，要算出电负荷容量，并与供电部门商洽送电的接线位置。在服务区土建设计阶段，电气设备的配置必须注意以下事项：

（1）电力管线。由于用电设施分散在整个服务区内，故需相应设置若干管线，为了不使其对路面、供排水、施工产生妨碍，需提早设置配电计划，特别是通过桥涵和在地下埋设管线时，必须充分掌握路线及所需条数。

（2）照明设备。照明设备设计必须纳入服务区总体布局，在土建设计阶段，就应大致确定其位置。

（3）配电室。作为电气设施起点的配电室位置，在土建设计阶段，选择时应注意：距供电部门的接线点要近，并靠近电负荷重心，配电室最好也能设在服务区边角处，并有警告标志。

### 5.4.4　服务区弱电系统

随着我国高速公路交通量突飞猛进的增长，高速公路信息化建设及服务区建设也快速发展，为了发挥高速公路服务区的优势和提高投资效益，必须提高其信息化水平，新建高速公路服务区要充分考虑信息化建设，统筹规划，按需建设、分步实施。

通信信息系统的建设应是重中之重，通信与信息已密不可分，通信系统传输的就是信息，不管是模拟信息还是数字信息，信息只有通过通信系统传输才真正变成有用信息，通信与信息系统的建设应同步，统筹规划和实施。按实际需求考虑高速公路通信信息技术的应用和建设。

通信信息管理系统分为几部分：一是专用通信网络；二是紧急电话系统；三是信息采集系统；四是信息显示和发布系统；五是监控管理中心。

专用通信网络系统是高速公路服务区管理的重要工具，服务区通信设施规划必须服从于全路通信设施规划。在服务区土建设计阶段，应就服务区所需各类业务电话，确认管线条数、电话终端位置以及路线，做好预埋规划，以免造成返工。

交通管理的服务性随着设施、手段的智能化而转化，通信信息系统的建设以需求为导向，统一规划，统一标准，集中管理，分散服务。

通信联网，实现监控联网、收费联网；区域联网，实现省际联网、最终全国联网。

信息化建设应高瞻远瞩，按实际需求考虑高速公路服务区通信信息技术的应用和建设。加强信息化建设的重点是智能化设计，如在服务区的电子收费 ETC 室，司机可在此刷卡缴费。这种收费办法让司机在休息的时候缴费，避免了在路上设卡收费造成交通拥堵（图 5-29）。

智能化设计还有：在服务区显眼的地方，设置交通运输宣传室，用视频和汽车模型向过往司机和旅客演示交通规则和安全知识。宣传室的墙壁上安装路况信息显示屏，实时播报路况信息。

配有智能太阳能交通标识灯、太阳能道钉、道路监测传感器、电子信息提示牌及随时待命的清障车等设施。太阳能道钉可有效吸收太阳能，即使阴天也可获得足够的能量供夜间使用，照射距离比目前使用的普通反光道钉远 10 倍，驾驶员在 0. 8km 外即可看到，不仅可大幅度降低交通事故，对照明成本过高的区域

图 5-29　服务区综合服务楼设置的自动提款机

节能降耗也有很大实用价值。

智能路面下埋设的传感器，不仅可监测车流量，还可监测道路承受的压力，并将测得数据及时传送到计算机控制中心，一旦路面出现缺陷可尽快修复。

在无法看到前方路况的情况下，电子信息提示牌可及时通报前方道路情况，遇到交通拥堵时还可显示离得最近的火车站，方便驾驶员能转乘火车尽快到达目的地。

智能公路还配有高技术探寻车，以 80km/h 的速度在高速公路上收集路况信息，发生交通事故时，随时待命的清障车几分钟内即可将事故车辆拖走。

### 5.4.5　消防疏散

1. 建筑防火

（1）服务区内建筑防火及疏散设计应符合国家现行标准《建筑设计防火规范》（GB 50016）的有关规定。

（2）服务区综合楼的耐火等级，中心服务区、普通服务区及停车区不应低于二级。

（3）餐饮区及购物区的安全出口不得少于两个，每个安全出口平均疏散人数不应超过 250 人。

（4）安全出口净宽不得小于 1.40m，太平门应向疏散方向开启，严禁设锁，不得设门槛。如设踏步应距门线 1.40m 处起步，如设坡道，坡度不得大于 1/12，并应有防滑措施。

（5）服务区内消防安全标志和综合楼内采用的装修材料应分别符合国家现行标准《消防安全标志设置要求》（GB 15630）和《建筑内部装修设计防火规范》（GB 50222）的有关规定。

2. 消防疏散

(1) 服务区的停车场除设室外消火栓外，还必须设置适用于扑灭汽油、柴油、燃气等易燃物质燃烧的消防设施。体积超过 5000m$^3$ 的综合楼应设室内消防给水。

(2) 服务区综合楼超过五层时，室内消防管网应设消防水泵接合器，其数量应根据室内消防用水量计算确定，每个消防水泵接合器水量按 10～15L/个计算。

(3) 有中央空调系统或单层面积超过 2000m$^2$ 的中心服务区的休息室、餐厅、厨房、超市和易发生火灾危险的房屋，应设置火灾自动报警系统。设有火灾自动报警系统的综合楼应设置消防控制室。

### 5.4.6　节能设计

当前节能技术的发展已经可以充分地运用在服务区建筑中，较成熟的技术有可再生能源利用、水资源循环利用和净化通风等方面。在能源利用方面，可以利用太阳能集热器、空气源热泵和地热能提供主要的能源，可以将餐厅厨房中的多余热量给室内加热、利用特殊地热调节系统综合调节建筑物间的温度；废水循环和再生系统的使用将对市政供水的需求减少 90%，使雨水成为可重复利用的资源；绿色植被覆盖屋顶的做法不仅有利于美观，还起到了净化室内空气和促进通风散热的作用。“绿色服务区”将有望在将来成为所在地区的生态建筑范本。

1. 服务区的选址对于节能尤为重要

我国气候分区为严寒地区 A 区、严寒地区 B 区、寒冷地区、夏热冬冷地区、夏热冬暖地区。寒冷地区的节能设计应满足冬季保温要求，部分地区兼顾夏季防热，夏热冬冷地区的节能设计必须满足夏季防热要求，适当兼顾冬季保温。一条高速公路建筑随着建设地点的不同，相应的节能设计要求也不同。

服务区建筑总平面的规划布置、建筑物的平面布置应充分考虑自然气候和环境对建筑能耗的降低，应有利于夏季自然通风，宜利用冬季日照并避开冬季主导风向，建筑物的主朝向宜采用南北向或接近南北向，即“负阴抱阳”。建筑不宜布置在山谷、洼地、沟底等凹地里。在谷底的建筑容易受“地形逆温”的影响，形成空气“上暖下冷”的现象。另外，凹地建筑不仅不利于夏季自然通风，而且冬季冷气流在凹地里易形成对建筑物的“霜洞”效应。

服务区建筑一般位于植被良好而且水网丰富的郊外，在服务区建筑周围保留原有树木、植被，可有效阻挡风沙、净化空气，同时起到遮阳、降噪的效果。保留建筑附近的水面，利用水面平衡环境温度、湿度、防风沙及收集雨水，也可通过垂直绿化、屋面绿化、渗水地面等，改善环境温湿度，提高建筑物的室内热舒适度。

2. 充分考虑建筑的自然采光、通风，注重建筑节能

服务区建筑设计时，应将建筑尽可能地与周围气候条件和周围地形地质状况有机地结合起来，实现自然采光与通风，减少人工照明与机械通风，从而减少物质与能量的消耗。还应注意主导风向，配以可调节的百叶、气窗来控制室内气流，同时控制建筑物的进深也有利于自然采光、通风。

3. 采用新材料，保护耕地

近年来，建筑材料技术的发展很快，开发成功了许多新型轻质的隔墙材料，它们中有的是以工业废料（如焦渣、炉渣等）为主要原料，有的是以农业废料（如木屑等）为主要原料，这些材料大都可以满足强度、防火、隔声等技术要求，有的还可作为建筑的承重体系。设计墙体时，应主要采用以工农业废料制成的新型墙体材料，如水泥空心砖、加气混凝土砌块、绿色轻质隔墙板及其他一些不会破坏耕地的墙体材料。

4. 建筑围护结构的保温隔热设计

加强建筑围护结构的保温性能，需保温的外墙应首选外保温构造，采用外墙外保温系统时，应尽量减少混凝土出挑构件及附墙部件。当外墙有出挑构件及附墙部件时，应采取隔热断桥或保温措施。采用“集热型节能墙体”，墙体外侧用玻璃覆盖，两者之间有空隙，透过玻璃进入的太阳能被储存在墙体中，冷空气流经墙体时，被加热后引入室内。建筑墙体的传热系数应根据建筑所处的气候分区符合相应的规定。

（1）楼地面

建筑楼地面的传热系数，应根据建筑所处的气候分区符合相应的规定。楼地面的节能技术，可根据底面是不接触室外空气的层间楼板、底面接触室外空气的架空或外挑楼板以及底层地面，采用不同的节能技术。层间楼板可采用保温层直接设置在楼板表面或楼板底面，也可采用铺设木龙骨（空铺）或无木龙骨的实铺木地板。底面接触室外空气的架空或外挑楼板宜采用外保温系统，高速公路跨线式服务区的跨线部分常常采用这种系统。

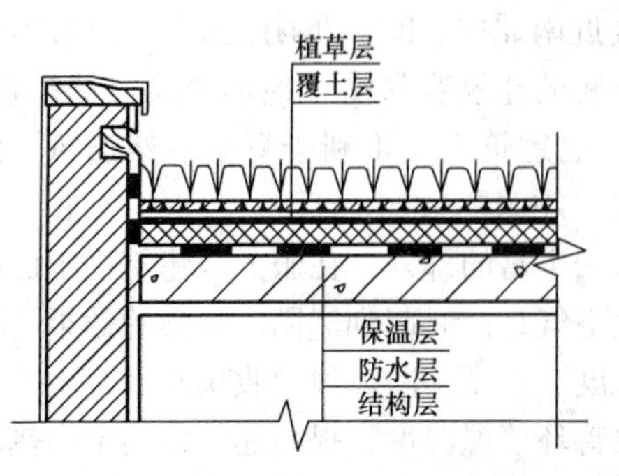

图 5-30 倒置保温种植屋面做法详图

（2）加强屋顶保温

在高速公路沿线建筑进行屋面的保温隔热设计，可以考虑倒置保温种植屋面，如图 5-30 所示为屋面保温做法。在屋顶设置采光窗，它既是采光的需要，也具有吸收太阳能量的功能。设置屋顶花园，既美化环境，又有很好的保温隔

热效果。建筑屋面的传热系数，根据建筑所处的气候分区符合相应的规定。采用坡屋面建筑屋顶采用轻质保温材料，一般常用挤塑聚苯板。挤塑聚苯板位于屋面防水层和屋面瓦之间，屋面瓦的固定构件应做好防渗处理，以保证防水层的完好性。还可以采用新型的屋顶保温材料如岩棉、矿棉、玻璃棉、加气混凝土保温块等。

（3）门窗和幕墙

关于门窗和幕墙的传热系数和遮阳系数，在《公共建筑节能设计标准》（GB 50189）中有具体的规定。为了提高门窗和幕墙的保温能力，采用中空玻璃，中空玻璃气体间层的厚度宜在 9 ~ 20cm 之间，大于 20cm 后反倒不能提高保温能力。建筑外窗的气密性均不应低于 4 级，透明幕墙整体的气密性不应低于 3 级。单一朝向、不同窗墙面积比的外窗（包括透明幕墙）和屋顶透明部分，其传热系数和遮阳系数应符合表 5-1 的规定。

**表 5-1　外窗和屋顶透明部分的传热系数和遮阳系数**

| 外窗（包括透明幕墙） | | 传热系数 $K$ W/($m^2$ · K) | 遮阳系数 $SC$（东、南、西向/北向） |
|---|---|---|---|
| 单一朝向外窗（包括透明幕墙） | 窗墙面积比≤0.2 | ≤4.7 | — |
| | 0.2 < 窗墙面积比≤0.3 | ≤3.5 | ≤0.55/— |
| | 0.3 < 窗墙面积比≤0.4 | ≤3.0 | ≤0.50/0.6 |
| | 0.4 < 窗墙面积比≤0.5 | ≤2.8 | ≤0.45/0.55 |
| | 0.5 < 窗墙面积比≤0.7 | ≤2.5 | ≤0.40/0.50 |
| 屋顶透明部分 | | ≤3.0 | ≤0.40 |

建筑每个朝向的窗（包括透明幕墙）、屋顶透明部分的面积不应过大，建筑每个朝向的窗（包括透明幕墙）墙面积比均不应大于 0.70。当窗（包括透明幕墙）墙面积比均小于 0.40 时，玻璃（或其他透明材料）的可见光透射比不应小于 0.4。屋顶透明部分的面积不应大于屋顶总面积的 20%。外窗的可开启面积不应小于窗面积的 30%；透明幕墙应具有可开启部分或设有通风换气装置。建筑外窗（包括透明幕墙）宜设置外部遮阳。建筑物外窗的气密性等级，不应低于《建筑外窗气密、水密、抗风压性能分级及检测方法》GB/T 7016 规定的 4 级。透明幕墙的气密性等级，不应低于《建筑幕墙气密、水密、抗风压性能检测方法》GB/T 15227—2007 规定的 3 级。

围护结构的外表面宜采用浅色饰面材料；平屋顶宜采用绿化等隔热措施；建筑外门应采取保温隔热节能措施。围护结构各部分的传热系数应符合表 5-2 的规定，地面和地下室外墙热阻值应符合表5-3的规定。

**表5-2 围护结构各部分的传热系数**

| 围护结构部位 | 传热系数 $K$ [W/(m$^2$·K)] |
|---|---|
| 屋面 | ≤0.7 |
| 外墙（包括非透明幕墙） | ≤1.0 |
| 底面接触室外空气架空或外挑楼板 | ≤1.0 |

**表5-3 地面和地下室外墙热阻限值**

| 围护结构部位 | 热阻 $R$ (m$^2$·K/W) |
|---|---|
| 地面 | ≥1.2 |
| 地下室外墙（与土壤接触的墙） | ≥1.2 |

外墙与屋面的热桥部位的内表面温度不应低于室内空气露点温度。建筑中庭夏季应利用通风降温，必要时设置机械排风装置。

除了传统的墙体保温做法外，还可以对外墙采用外保温的方法，以减弱热桥的影响，提高外墙的保温性能。如图5-31和5-32所示为外墙内、外保温的做法。采用“集热型节能墙体”，墙体外侧用玻璃覆盖，两者之间有空隙，透过玻璃进入的太阳能被储存在墙体中，冷空气流经墙体时，被加热后引入室内。这种方法在热带和寒带都有保温隔热作用，如图5-33所示。

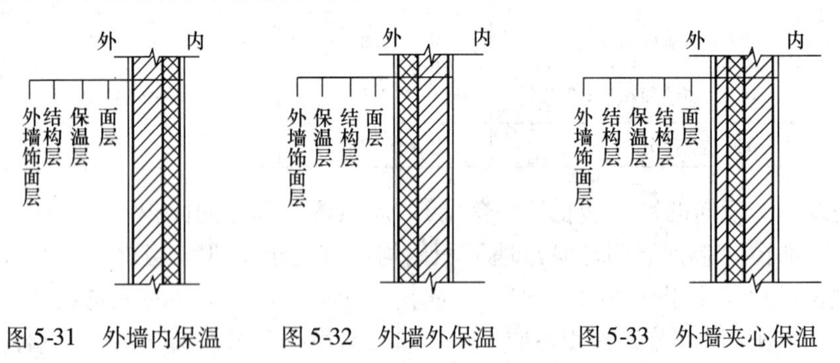


图5-31 外墙内保温　　图5-32 外墙外保温　　图5-33 外墙夹心保温

（4）建筑遮阳

遮阳设施应根据地区气候特征、经济技术条件、房间使用性质等综合因素，满足夏季遮阳、冬季阳光入射、自然通风、采光等要求。高速公路服务区的建筑设计中，经常采用中庭玻璃采光顶的做法，夏热冬冷地区夏季的太阳辐射照度在水平面最高，所以对玻璃采光顶的遮阳设施非常必要。夏热冬冷地区的服务区建筑应根据不同的朝向采用不同的遮阳方式，南向宜采用水平式，东、西向宜采用挡板式。为了不影响建筑外立面造型，也可以采用中间遮阳和内遮阳的方式。中间遮阳位于玻璃系统的内部或两层门窗、幕墙之间，易于调节，不易被污染，但造价高，维护成本较高。内遮阳将入射室内的直射光漫反射，降低了室内阳光直射区内的太阳辐射，对改善室内温度不平衡状况及避免眩光具有积极作用，但遮阳效果不直接。

## 5.5　服务区综合楼可再生能源利用

自然资源分可再生资源和不可再生资源，尽可能节约不可再生能源，包括煤、石油、天然气等，积极开发利用可再生的新能源，包括太阳能、风能、水能、生物能、地热等无污染型能源，这已经成为世界能源可持续发展战略的重要组成部分。高速公路周边的常规可再生能源种类相对复杂，不仅有分布广泛的太阳能、风能和生物质能，还可能有水能、地热能，更有甚者可能有海洋能（沿海高速公路）。在高速公路服务区真正能加以利用的常规可再生能源有风能、太阳能和部分易于开发且成本合理的水能。太阳能在生态建筑中的应用，主要包括采暖、降温、干燥以及提供生活和生产用热水，养护混凝土构件等，利用低品位的风能降温除湿等，还有一类是高速公路的建造和使用所带来的可不断重复产生的能源，包括“车流风”“桥梁风”“汽车在某些路段制动所要损耗的机械能”。

### 5.5.1　高速公路服务区太阳能利用

高速公路服务区一般都处在边远地区，远离城市和电网，太阳能光伏发电与火力、水力、柴油发电等相比具有许多优点，如安全可靠、无噪声、无污染、资源随处可得不受地域限制、可以方便地与建筑物结合等。因此，无论从近期还是远期，无论从能源环境的角度还是从满足边远地区的角度考虑，太阳能光伏发电都具有实际的意义，很适宜在高速公路服务区中应用。自古以来，太阳能与建筑就有着极其密切的关系。早期的太阳能是利用太阳能的热能与光能的自然传递使居室温暖明亮的，通常称为“被动式太阳能建筑”，被动式太阳房是通过建筑朝向和周围环境的合理布置，内部空间和外部形体的巧妙处理，建筑材料和结构、构造的恰当选择，使其在冬季能集取、保持、贮存、分布太阳热能，从而解决建筑物的采暖问题，不需要或仅使用很少动力和机械设备，几乎没有什么运行费用，几乎没有任何风险。主动式太阳房是以太阳能集热器、管道、散热器、风机或泵、贮热装置等组成的强制循环的太阳能采暖系统。太阳能在建筑上的应用有太阳能热水系统和太阳能光伏发电系统，用来采暖、通风、供热水、供电等。近年来一些发达国家正在进一步发展所谓“零能建筑”，既利用太阳能提供建筑物所需的全部能源。随着太阳能在建筑中的应用研究和技术开发的不断深入，正在逐步形成一门新兴学科——太阳能建筑学。

（1）被动式太阳房——太阳能采暖

被动式太阳房是通过建筑朝向和周围环境的合理布置、内部空间和外部形体的巧妙处理以及建筑材料和构造的恰当选择，使其在冬季采集、保持、贮存、分配太阳热能，从而解决采暖问题的建筑。被动式太阳房构造简单，造价低廉，维护管理方便。应用的形式主要有直接受益式、集热蓄热墙式和附加阳光间式等。

①直接受益式。被动太阳房是利用南窗直接接受太阳辐射能的建筑，太阳辐射通过窗户直接射到室内地面、墙壁及其他物体上，使它们表面温度升高，通过自然对流换热，部分能量加热室内空气，其余能量则贮存在地面、墙壁等物体内部。设计时南窗尽量加大，同时应配置有效的保温隔热措施，如保温窗帘等。

②集热蓄热墙式被动太阳房。集热蓄热墙太阳房主要是利用南向垂直集热墙，吸收穿过玻璃采光面的太阳辐射，然后通过对流、热传导和辐射，把热量送到室内，以达到采暖的目的。集热蓄热墙的外表面一般被涂成黑色或某种暗色。采用集热蓄热墙式被动式太阳房室内温度波动小，居住舒适，但热效率较低，常常和其他形式配合使用。

③附加阳光间式。被动太阳房是指在房间南侧附建一个温室，建筑南墙作为间墙把室内空间与阳光间分隔，形成附加阳光间的采暖方式。阳光间的南侧以及屋顶用玻璃或其他透光材料，阳光间与需要采暖的室内空间之间的隔墙上开有门、窗或通风孔洞等，作为空气对流的通道，采暖主要经由空气对流实现，如图5-34所示。

图5-34　附加阳光间

④组合式被动式太阳房。由上述两种或更多种类型组合而成的供暖形式。

（2）主动式太阳利用

主动式太阳能采暖系统是通过太阳能集热器、储热器、管道、风机和循环泵等设备来收集、储存和输配太阳能热量，实现建筑物达到所需室温的系统。

①太阳能热水器与建筑一体化

太阳能热水系统可提供生活热水、供暖和制冷，生活热水可以用于炊事、洗浴等。太阳能热水器与建筑结合的设计思路，是太阳能热水器应用发展的必由之路。只有从设计一开始，即将太阳能热水器所包含的所有内容都当做建筑不可缺少的元素加以考虑，为设备安装提供方便，才能真正做到热水器与建筑的一体化，太阳能热水器在建筑上才可能得到有效的应用。为此必须将太阳能热水器纳入高速公路服务区建筑规划和设计中，统一规划、同步设计、同步施工验收，与建筑工程同时投入使用（图 5-35）。

富宁等高速公路服务区建筑坡屋面上布置太阳能转变为电能的太阳能集热器和光电板方阵，太阳能转变成电能存储在蓄电池中，用于服务区广场、庭院、信号灯照明、监控摄像机等太阳能供电。

②太阳能光伏

太阳能光伏发电系统可发电，用于照明、家用电器等。小型独立太阳能光伏电源系统基本构成如图 5-36 所示。

图 5-35　河北某建筑太阳能热水器与建筑一体化景观

图 5-36　富宁高速公路服务区太阳能电池方阵

③ 太阳能新技术

光伏并网发电、吊顶辐射采暖制冷、光电遮阳在服务区广场照明、通行信号灯和沿线收费站点庭院围墙照明供电中，使用风光互补供电系统等，无需水、油、汽及其他燃料，只是利用太阳能和风能特点，节约了成本（图 5-37）。

图 5-37　英国的风力和太阳能发电场为在服务区过夜的驾驶者提供充电站位

### 5.5.2 高速公路服务区水资源

#### 5.5.2.1 高速公路服务区雨水渗透、收集及综合利用

1. 雨水收集利用的意义

雨水利用就是把从自然或人工集雨面流出的雨水进行收集、集中和储存利用。雨水利用技术是针对服务区内的屋顶、道路、广场、绿地等不同下垫面所产生的径流，采取相应的措施，或收集利用，或渗入地下。雨水回用用途主要包括构造城市水景观、人工水面、灌溉绿地、冲洗厕所、改善生态环境等，以达到充分利用资源和节约用水、回补地下水，减缓地下水位下降趋势，控制雨水径流污染、改善生态环境、减少外排径流量、减轻区域防洪压力的目的，属于资源利用于灾害防范之中的系统工程。对于雨水的回收利用工程可分为三个部分：雨水的收集、雨水的处理和雨水的供应。

2. 雨水收集

考虑到雨水降雨的不均匀性，需要设置雨水贮存池，雨水储存调蓄池根据建造位置不同可分为地下封闭式、地上封闭式、地上敞开式等。储存池的大小根据雨水降雨量特征、贮水池的形式及雨水回用的效益等综合确定。通常利用雨水贮留渗透的场所一般为园地、绿地、庭院、停车场、建筑物、运动场和道路等。

（1）渗透收集方法

“低绿地＋下排水系统”。采用低势绿地是常用的雨水蓄渗方法之一，该方法通常建造在低于路面的景观隔离带内或采用低势绿地，与路面雨水口一起构成蓄渗排放系统。具体过程是结合原有的绿化布局，对土壤应进行改造，通过添加石英砂、煤灰等提高土壤的渗透性，同时在地下增设排水管，穿孔管周围用石子或其他多孔隙材料填充，具有较大的蓄水空间，将屋面、道路等各种铺装表面形成的雨水径流汇集入绿地中进行蓄渗，以增大雨水入渗量，多余的径流雨水从设在绿地中的雨水溢流口或道路排走。这种蓄渗设施有效地提高了道路景观隔离带的调蓄与下渗能力，同时可确保景观植物生长条件与景观效果，人行道外侧的绿化带也可进行类似设置。

（2）铺装砖渗透结构。采用透水性路面是降低地表径流的最重要措施之一，因地制宜地设置透性路面，具有一定的削峰减排作用，主要方法是在庭院、行车道、人行道、广场、停车场等人工地面，尽量采用多孔沥青或混凝土、草皮砖、连锁砖铺面等透水性铺面。排水性沥青路面采用高空隙率的磨耗层，雨水可渗入路面之中，由路面中的连通空隙向路面边缘排水，导致雨天路面表面不会形成较厚水膜，避免了水飘与水膜反光的产生，同时不会出现溅水现象，有效地保证了行车的安全，降低了噪声。具有排水性的全生态透水沥青路面，路面使用材料的

80%为经特殊工艺处理的再生废钢渣。路面具有降温降噪、防滑排水、安全不反光等功能及降低城市热岛效应、减缓地表沉降、改善生态环境等显著的生态效应。

（3）渗透式集水井和渗排一体化系统方式。雨水入渗利用方式由塑料渗透式集水井和渗排一体化系统两部分组成，渗透、储存、排放一体化系统布置在集中绿化区域，包括渗透井、渗透管渠，土壤渗透系数应大于 $5.5\times10^{-6}$m/s，允许在绿化区将原土改良后采用本系统。在建设初期，应参考规范要求，绿地应低于周边地面，并有保证雨水进入绿地的措施，通过埋设在草地内的渗透管网进行渗透（图5-38）。

屋面雨水的处理设备包括有筛网槽以及两个沉淀槽。沉淀槽下方则设有清洗排泥管，用来方便槽底淤泥的清洗排除，维持沉淀槽的循环使用。

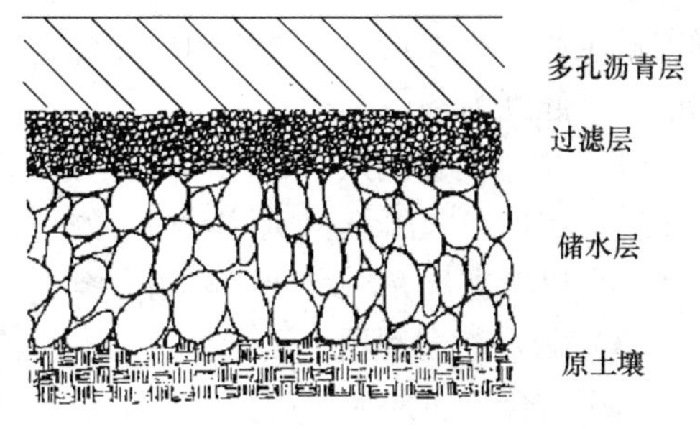

图5-38 屋面雨水收集利用系统流程

3. 雨水的处理

雨水收集后的处理过程，与一般的水处理过程相似，唯一不同的是雨水的水质明显的比一般回收水的水质好，雨水除了pH值较低（平均在5.6左右）以外，初期降雨所带入的收集面污染物或泥砂，一般的污染物（如树叶等）可经由筛网筛除，泥砂则可经由沉淀及过滤的处理过程加以去除。

处理方法与装置则主要取决于：①集水方式；②雨水取用目的与处理水质的目标；③收集面积与雨水流量；④建设计划与相关的条件；⑤经济能力与管理维护条件。

雨水处理程度与雨水的水质、回用用途等密切相关，根据不同的回用要求，可采用人工湿地、稳定塘、MR系统（水洼-渗透渠组合系统）等生态处理技术。

雨水蓄渗是一种雨水处理与资源化利用技术。近年来，各国相继开发出新的雨水排放系统，如德国开发出“洼地-渗渠系统”，日本提出“雨水的碎石空隙储存渗透系统”等，其核心理念是以“就地”处理雨水的措施取代传统的快速排除雨水的排放系统。促进雨水下渗的技术措施很多，如增加绿地面积、采用透水性路面、下凹式绿地和增加水体面积等方法。雨水蓄渗技术有植草洼地、低势绿地以及渗透性路面、渗透井、渗透塘、渗透管沟等。其中，绿地作为一种天然的渗透设施，具有透水性好、节约投资、便于雨水引入等优点。采用成套水处理装置，通过沉淀、过滤、消毒等处理措施可达到杂用水水质要求，对于要求较高的水，根据实际情况考虑活性炭处理和膜技术等处理措施。

4. 雨水的供应与雨水利用

雨水的使用，在未经过妥善处理前（如消毒等），一般用于替代不与人体接触的用水（如卫生用水、浇灌花木等）为主。也可将所收集下来的雨水，经处理与储存的过程后，用水泵将雨水提升至顶楼的水塔，供厕所的冲洗使用。如与人接触的用水，仍以自来水供应。雨水除了可以作为街厕冲洗用水外，也可作为其他用水如空调冷却水、消防用水、洗车用水、花草浇灌、景观用水、道路清洗等。

（1）雨水直接利用。雨水直接利用是指将雨水收集后直接回用，应优先考虑用于服务区区杂用水、环境景观用水和冷却循环用水等。由于我国大多数地区降雨量全年分布不均，故直接利用往往不能作为唯一水源满足要求，一般需与其他水源一起互为备用。

（2）雨水间接利用。雨水间接利用是指将雨水简单处理后下渗或回灌地下，补充地下水。在降雨量少而且不均匀的一些地区，如果雨水直接利用的经济效益不高，可以考虑选择雨水间接利用方案。

（3）雨水综合利用。雨水综合利用是指根据具体条件，将雨水直接利用和间接利用结合，在技术经济分析基础上最大限度地利用雨水。

目前雨水利用有以下几个方式：屋面雨水集蓄利用。利用屋顶做集雨面用于家庭、公共和工业等方面的非饮用水，如浇灌、冲厕、洗衣、冷却循环等中水系统。屋顶绿化雨水利用。屋顶绿化是一种削减径流量、减轻污染和城市热岛效应、调节建筑温度和美化城市的有效措施。雨水回灌地下水。在一些地质条件比较好的地方，进行雨洪回灌，集蓄利用，绿地入渗。

**5.5.2.2** 污水处理与中水的利用

高速公路服务区一般都远离城市，如铺设自来水管道很难实现或铺设费用过高，因此服务区的生活、生产用水问题一般都是通过打深井来解决的。服务区污水有效处理后回收进行二次利用，便可以节约大量水资源。

1. 中水的利用途径

用于服务区绿化、园区冲厕、冲洗道路，实施简便；将中水引入人流集中区，实现双路供水，区内的冲厕用水、绿化用水等都用中水代替；使用中水洗车，在水质、水量上都能满足要求，在高速公路中，更是有大量来往车辆需要使用水冲洗。

2. 污水处理的工艺

（1）地埋式一体化污水处理（WSZ 型地埋式污水处理）系统。高速公路沿线设施生活污水排放量小，一般小型生活污水处理器即可满足要求，2000 年以来我国不少高速公路开始尝试采用一体化生活污水处理器来处理服务区的生活污水。2003 年，京珠高速公路粤境北段一收费站首次采用将一体化生活污水处理器设备建于地下的方法，既节约了宝贵的公路用地，又满足了相关环境要求。尽管地埋式一体化生活污水处理器在我国高速公路污水处理中应用较多，但它仍然存在设备易腐蚀、动力耗费大、不能应对污水量变化、运行费用高、效果不理想等诸多方面问题，而且由于设备埋于地下，一旦出现设备故障，维修将异常困难。

（2）接触氧化法（A/O 法生物接触氧化法）、厌氧水解 ICEAS 工艺、厌氧-微氧工艺、MBR 法（膜生物反应器法）、SBR 法（序批式活性污泥法）。由于高速公路服务区生活污水除 COD、BOD 外，氨、氮、磷的浓度也比较高，用气浮+水解酸化——接触氧化法替代了高速公路服务区普遍采用的地埋式污水处理器，解决了设备腐蚀及停留时间不足的问题。相对地埋式一体化处理设备，SBR 和 MBR 法具有操作简单、处理效果好、适应高速公路服务区污水排放特点等优点，但造价较高。

（3）分散式污水处理工艺、人工快速渗滤工艺（Constructed Rapid Infiltration，简称 CRI）采用生态滤料组合工艺在处理高速公路场站区生活污水方面的有效性，处理和基建成本低、运行效果好、管理方便的分散式污水处理工艺就成为当前高速公路环境保护亟待解决的问题之一。分散式污水土地处理技术（包括土壤处理、地下渗滤等）突出特点是设备简单、管理方便、能耗低，其费用仅有常规二级生物处理的 1/2～1/10。生态土壤深度处理技术在运行中无须电力、机械设备的情况下，即可获得中水以上水质。地下渗滤系统在运行中有一定动力消耗。出水水质可达到生活杂用水、绿化水质标准和湖泊类景观环境用水的再生水水质标准（图 5-39）。

图 5-39　安楚高速公路污水处理

图5-39中云南省安楚高速公路污水处理系统采用生态填料土地处理系统对服务区的生活污水进行处理，有效降低排入外界环境的污染负荷，并使处理的污水作为景观用水，实现了污水的回收利用，减轻了周边环境的污染压力。

**5.5.2.3** 服务区排水设计

排水系统的常规设计包括路面排水、路基排水、桥面排水、边坡和地下水的治理设计等。

（1）地面基础排水。地面基础排水设计分为基础内部排水和基础外部排水。基础内部排水一般采用调整基础填土高度和处理基础基底设置隔、排水垫层等办法；基础外部排水采取措施把基础附近的水排出路基外。

（2）服务区边界地表排水。边界地表排水包括边坡坡面和边界范围内地表坡面的表面排水以及有可能进入边界的毗邻地带的地表水和相交路界内的地表水。坡面排水设施由各种断面形状和尺寸的沟渠组成，通过设计流量的计算来确定横断面形状和尺寸，坡面排水系统由截水沟、急流槽、排水沟及边沟等组成，与桥梁、涵洞相结合，把坡面水汇集和排引到路界外，个别自然排水不畅处设置蒸发池。根据具体的泄水量大小，填挖以及地质情况的不同，分别选择边沟形式。

（3）地表面排水。降落在地表面降水若不能迅速排走，一方面会造成地表面积水滞留，雨天行车时形成雾障而影响行车安全；另一方面会因地表面积水时间过长而加速沥青混凝土面层的损坏。

（4）生态排水沟设计。生态排水沟采用抛物线形草皮沟，以草皮沟横断面最低点为原点的抛物线。一般情况下生态排水沟（边沟）宽200cm，深度为30cm；当沟段长度大于250m时，可将沟深增至35cm，过渡段的浆砌部分相应亦调至35cm。排水纵坡坡度超过2%或沟段长度超过400m，采用半生态排水沟。考虑雨水冲刷，生态排水沟（边沟）出口段（与涵洞或桥梁连接处）5m范围内，采用M7.5浆砌片石碟形沟。生态排水沟与浆砌片石排水沟连接处，采用碟形浆砌片石过渡，过渡段长为5m。

生态排水沟的类型有挖方段浅碟式三维网草皮边沟、路堤三维网草皮排水沟、水塘路堤三维网草皮排水沟。水塘路堤坡脚增设干砌片石护坡，基础采用浆砌片石脚墙；括号内的数值适用于长度大于250m的沟段（图5-40和图5-41）。

### 5.5.3 高速公路服务区热泵技术

热泵是一种能从自然界的空气、水或土壤中获取低品位热，经过电力做功，输出可用的高品位热能的设备，可以把消耗的高品位电能转换为3倍甚至3倍以上的热能，是一种高效供能技术。热泵技术在空调领域的应用按照室外换热方式不同可分为三类：地源热泵（土壤埋盘管系统）、水源热泵（地下水系统）以及空气源热泵（地表水系统）三类。地源热泵系统分为地下水地源热泵系统、地

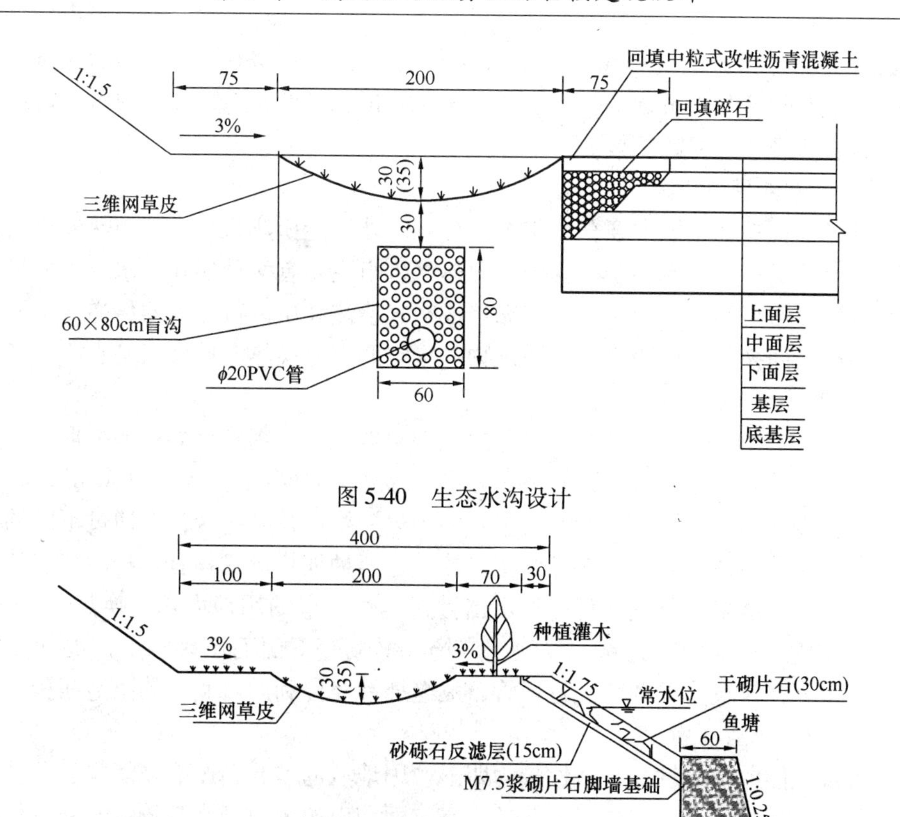


图 5-40　生态水沟设计

图 5-41　水塘路堤三维网草皮排水沟

表水地源热泵系统和地埋管地源热泵系统。

1. 地源热泵的原理和特点

地源热泵（也称土壤源热泵、地热泵）是利用地下常温土壤和地下水相对稳定的特性，通过深埋于建筑物周围的管路系统或地下水，采用热泵原理，通过少量的高位电能输入，实现低位热能向高位热能转移与建筑物完成热交换的一种技术。土壤温度随时间与空间的变化受地面温度年周期性变化影响，土壤温度从 3 月份开始升高，7 月份达到最高值，之后又逐渐下降。随着深度的增加，土壤温度的年变化波幅逐渐减小，最大最小值出现的时间也逐渐延迟，达到一定深度后，土壤全年温度基本不变，此温度一般在 15 ~ 25℃ 左右。土壤源热泵冬季从土壤中取热，向建筑物供暖；夏季，热泵机组从室内吸收热量并转移释放到地源中，实现建筑物空调制冷。它以土壤作为热源、冷源，通过高效热泵机组向建筑物供热或供冷。高效热泵机组的能效比一般能达到 4.0 以上，与传统的冷水机组加锅炉的配置相比，全年能耗可节省40%左右，初投资偏高，机房面积较小，节省常规系统冷却塔可观的耗水量，运行费用低，不产生任何有害物质，对环境无污染，实现了环保的功效。

2. 地源热泵的结构

地源热泵空调系统主要分为三个部分：室外地能换热系统、水源热泵机组系统和室内采暖空调末端系统。其中水源热泵机组主要有两种形式：水－水型机组或水－空气型机组。三个系统之间靠水或空气换热介质进行热量的传递，水源热泵与地能之间换热介质为水，与建筑物采暖空调末端换热介质可以是水或空气。

3. 地源热泵地下换热器形式与埋管

土壤热交换器是地源泵机组设计的关键。地源热土壤换热器有多种形式，包括一个土壤耦合地热交换器，它或是水平地安装在地沟中，或是以U形管状垂直安装在竖井当中。不同的管沟或竖井中的热交换器并联连接，在通过不同的集管进入建筑中与建筑物内的水环路相连接，这两种埋管形式各有自身的特点和应用环境。在中国采用竖直埋管更显示出其优越性：节约用地面积，换热性能好，可安装在建筑物基础、道路、绿地、广场、操场等下面而不影响上部的使用功能，甚至可在建筑物桩基中设置埋管，见缝插针充分利用可利用的土地面积。

### 5.5.4 风能利用

常规风能的地域性和季节性较为明显，因地域的差异会影响该能源的开发和利用价值，例如西藏的风能资源非常丰富，而湖南的风速则常年较低，同一地区冬天的风较大，夏天风较小。在风力资源较为丰富的地区，风能可作为主要的能源进行发电，应用于高速公路照明系统，例如风力发电路灯；在可利用的地区，则可作为补充能源加以利用，例如风光互补型路灯；在风力资源总体较为贫瘠的地方，则应该根据具体情况选择一些风力资源突出的点进行使用，例如高速公路上或周边的山顶、高速公路旁边的迎风口等。即使是在风力资源丰富的地区，相对于整个高速公路而言，也存在风力资源贫乏的点，如何加以协调，需要就实际情况细加分析、谨慎处理。

1. 自然通风技术

良好通风对舒适性而言是至关重要的。根据当地的气候条件，采用多种自然通风方式，可节约能源，提高空气质量，创造健康、舒适的室内环境。

自然通风种类：场地自然风、风塔自然通风、防晒间墙自然通风、太阳房自然通风和地下廊道自然通风。

（1）场地自然风。生态设计的重要方法之一是从本地区的气候特征和地域特点出发，最大限度地提供良好的自然通风条件，积极依靠地形、地貌变化产生的局地自然风，提高环境的热舒适性，并降低制冷所需的能源消耗。场地自然通风种类有：街巷风、山水风、水陆风、静水风、山谷风、山顶风、后院风、林园风、花园风等。

（2）风塔自然通风。风塔自然通风是利用烟囱的拔风效应而进行的一种自然通风方式，风塔内由于存在温差和进排风口高差形成自然通风。风塔顶部一般采用玻璃采光顶棚，通过玻璃采光顶棚的太阳辐射，使风塔内的空气温度升高，利用空气密度差，提供空气流动的浮升力，引发空气流动，自然风通过外墙上进风，再通过风塔顶部突出屋面的排风口排风，形成风压自然通风（图 5-42）。

图 5-42　风塔自然通风

（3）防晒间墙自然通风。在建筑外侧，一般是西向设置一面大尺度的混凝土墙体（图 5-43），并与建筑完全脱开，墙体可以是建筑的主立面，也可以是减少太阳对西墙暴晒的缓冲层。在夏季与过渡季节，可以遮挡西晒的太阳直接辐射热，同时由于防晒墙与建筑主体完全脱开，它们之间的空隙是北宽南窄，因此又作为自然通风的通风间隙，形成“夹道风”。夹道风在拔风作用下，形成局地风微气候，促进室内外的自然风的流动。被太阳直射的墙面表面温度升高，近墙面的空气温度也会相应提高，又形成了空气对流，有利于墙面迅速散热。

（4）太阳房自然通风

太阳能通风筒是一种利用太阳能强化自然通风的技术。太阳房为建筑南侧的全玻璃幕墙的房间，其北墙上设有的通风竖井，通风竖井在各层房间侧墙上设有通风百叶窗（图 5-44）。通风竖井从地下室一直贯穿太阳房屋面顶部，底部根植

图 5-43　西侧防晒间墙自然通风

图 5-44　咖啡厅内的通风百叶窗

于地下室，顶部突出于屋面。在寒冷的冬天，阳光投射进南侧玻璃房，玻璃厅产生的温暖的空气通过北墙上的通风百叶窗口，进入附墙的通风竖井，利用通风道的拔风效应，热空气自然地被导入各层房间，减少了冬季采暖热负荷。在炎热的夏季，关闭太阳房内对外窗户，减少热空气的进入，而通过地下廊道导入凉爽空气，排走太阳房内热空气。

（5）地下廊道自然通风。地下廊道是微气候设计的一种方式，地下廊道和地下室、通风道相连接（图5-45），创造一个用土壤来冷却的网状结构。它是利用通风道将地下建筑物中产生的凉气，引导到地面的建筑中。地下风的特性是温度适宜，冬暖夏凉。我国西北地区的窑洞，地下防空洞、解放战争时期用做地道战的地道等，都是利用地下风的典范。

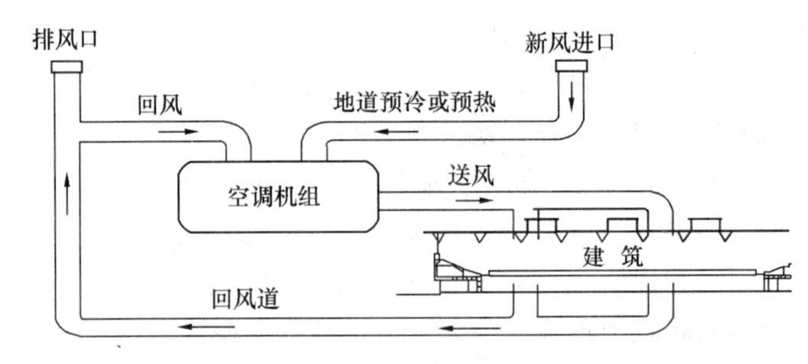


图5-45 地道通风系统图

图5-46 咖啡厅伸出屋面的通风道

（6）自然通风细部构造

①通风道风口的选择与设计。通风道进出风口的细部设计与选择很重要，利用地形、地貌条件和当地的气候条件，合理的布置风口，可以促进自然通风，获得清新、舒适的自然风，而且根据实际情况，因地制宜，可以创造意想不到的建筑空间（图5-46）。地下水平通风道的进风口（图5-47）布置于夏季主导风向

上，利用夏季正压风给室内输送自然风；利用地势，地面标高作下沉处理，避开了冬季西北部主导风向，高低落差形成的山谷风，又促进了自然通风能力。通风口的开口是一个窄口，靠近顶棚，利于进出风；设置在临近水面处，能够为地下廊道带来凉风。水体蓄热能力强，在夏季，湖水对于周围区域而言是一个冷源，促进周围温度的降低，自然风经过水面和周围绿化，变得清新、适宜，保证空气的温度和洁净度，给人们带来愉悦的感受。通风道进出风口结合室外环境加以充分利用，降低室外地坪后，形成下沉广场，通风道突出地面形成的构筑物做成的报栏，周围施以绿化布置，濒临水面的得天独厚的位置，创造了休闲度假的优美场所。

图 5-47　结合地下通风道出风口设计的休度空间

②通风道的井壁。在满足功能的条件下，尽量采用传统材料，不仅建设费用低，还有利于日后的维护和维修。通风道的井壁可以选用的材料很多：有混凝土、砖、金属夹心板等。中庭屋顶伸出屋面的风塔和通风道可以考虑采用金属夹心板，可以为普通黏土砖井壁，同样满足通风的要求，采用的施工工艺相对简单，为日后提供了检修、维护等便利的条件（图 5-48 和图 5-49）。

图 5-48　通风道突出屋面的通风口

图 5-49　卫生间通风道竖井伸出屋面

③自然通风技术和艺术的结合。风塔突出于屋面，突破了平淡的屋顶轮廓线，成为整个建筑造型的亮点；通风道在屋面设置伸出屋面竖井，采用和墙体一致的处理方式，在外观上和整个建筑又融为一体，彼此协调而不突兀；通风道竖

井伸出屋面处，结合上人屋面，设计成花架，不仅满足了自然通风的需求，而且减少了对上人屋面景观的破坏，创造了优美的场所景观。

④自然通风与消防设计。通过太阳房的自然通风道、风塔自然通风道、地下洞室自然通风道，自然风被顺畅地引入室内，随之而来也带来了防火安全问题。自然风通过通风道被顺畅地引入，火灾蔓延的路径也变得畅通无阻，因此解决消防问题便成为能否实现自然通风的关键问题。

通风竖井防火设计。建筑中的垂直管道、排烟道等竖向管井都是烟火竖向蔓延的通道，必须采取防火分隔措施。正常使用时，用于自然通风的竖向通风道，开向每层的开口处于打开状态，通风竖井在每层室内都设有百叶窗口，和垂直通风道相连，新鲜自然风通过通道从百叶窗口进入室内。火灾时，这些开口要应急关闭，阻隔火灾蔓延（图 5-50）。

风塔自然通风防火设计。建筑中的风塔从首层直通到顶层，贯通数个楼层，风塔四周与楼层的房间相连接；开口大，与周围空间相互连通，是火灾竖向蔓延的主要通道，必须在风塔周围采取防火阻隔措施。主要是将风塔单独作为一个独立的防火单元，将每层单独化分防火分区。为满足通风要求，风塔与每层房间连接采用防火玻璃隔断，上设置可开启的中悬窗，与风塔相通的中悬窗，其窗扇应在平时处于开启状态，使其满足自然通风的要求，而火灾时通过自动释放装置自行关闭，实现和其他空间的分隔功能（图 5-51）。

图 5-50　通风竖井百叶窗口

图 5-51　从检索大厅看防火隔断上的通风窗

2. 桥梁风

桥梁风分布于高架桥周围，由于高架桥的存在使得桥梁风的“起点”很高，成为优质的、便于开发的风力资源。桥梁的出现常伴有河流以及山涧，如跨河、海大桥以及山涧桥梁，河面的水的流动带动空气的加速运动以及山涧里高度落差较大易形成气压差而加快风速并使得风向较为稳定；而海面则由于开阔，四面临风，是极佳的风电场所。桥梁风可作为可再生能源，是应用于高速公路照明系统的辅助能源之一（图 5-52）。

图 5-52　桥梁风

3. 车流风

车流风是指由于高速公路上高速行使的汽车带动周围的空气流动而产生的风能；车流风的风速平均在 4.5m/s 以上，风功率密度在 70～100W/K 以上。中国科学院广州能源研究所和广州中科恒源能源科技有限公司联合开发的“全永磁悬浮垂直轴风能发电机”，风力发电的最低启动风速 1.5m/s，发电风速仅为 2m/s，在高速公路上的中间绿化带，设置单机输出功率为 300W，风机直径为 2m、高度为 1.5m，有效风速为 2～8m/s 的全永磁悬浮垂直轴风能发电机，则每车次经过时风能可转化的电能大致在 0.00025 度（风机的风能转化效率为 40%、风机转动时间为 10s）左右，当快车道上的有效车流量超过 10000 辆/日的话，路灯照明用电基本上可以自给自足。

### 5.5.5　各种燃气利用

燃气主要包括人工煤气、液化石油气、天然气和燃料油。轻烃是石油开采和加工过程中的副产品，属于烃类物质，不含苯、甲醇、烯烃等成分，完全可以作为燃料来使用，其来源十分广泛，轻烃在油气田、炼油厂等不同的场合叫法不一，如轻质油、凝析油、稳定轻烃、石脑油、拔头油、石油醚等。过去人们对轻烃的开发利用不充分，除极少数用作炉窑燃料外，部分用于乙烯工程，剩下的被点“天灯”烧掉，十分可惜。

# 第6章 服务区综合楼室内空间设计

## 6.1 服务区室内设计理念

室内主要设计思想要以格调优雅、风格独特、功能休闲，环境设施以协调性、文化性、美观性、独创性为设计主体，作为抽象的设计思维在整体下组合，在组合下分解，在分解下统一，围绕系统化设计、整体优化为核心。在提炼设计元素符号和具体设计过程时也围绕这个核心进行。

（1）回归自然化。强调自然色彩和天然材料的应用，创造田园的舒适气氛，采用许多民间艺术手法和风格，在此基础上不断“回归自然”，创造新的肌理效果，运用具象的或抽象的设计手法来使人们联想自然。

（2）整体艺术化。室内设计是整体艺术，是空间、形体、色彩以及虚实关系的把握，功能组合关系的把握，意境创造的把握以及与周围环境的关系协调。室内设计是艺术上强调整体统一的作品。

（3）高度现代化。随着科学技术的发展，在室内设计中采用一切现代科技手段，设计中达到最佳声、光、色、形的匹配效果，实现高速度、高效率、高功能，创造出理想的值得人们赞叹的空间环境来。

（4）高度民族化。室内设计的发展趋势就是既讲现代，又讲传统，致力于高度现代化与高度民族化结合的设计体现，传统风格浓重而又新颖，设备、材质、工艺高度现代化，室内空间处理及装饰细部引人入胜。室内设计注意风格特色的体现，建筑、室内装饰均进行配套设计，即使在很小的空间，也同样能感受到设计者的精心安排。

（5）个性化。人们追求个性化，打破同一化。一种设计手法是把自然引进室内，室内外通透或连成一片；另一种设计手法是打破水泥方盒子，用斜面、斜线或曲线装饰，以此来打破水平垂直线求得变化；还可以利用色彩、图画、图案，利用玻璃镜面的反射来扩展空间等，打破千人一面的冷漠感。

（6）服务方便化。为了高效方便，重视发展现代服务设施，采用高科技成果发展自动服务设施，自动售货设备越来越多，电脑问询、解答、向导系统的使用，给人们带来高效率和方便，从而使室内设计更强调“人”这个主体，让消费者满意。

（7）高技术高情感化。高技术、高情感两者相结合，既重视科技，又强调人情味。在艺术风格上追求频繁变化，新手法、新理论层出不穷，呈现五彩缤纷、不断探索创新的局面。

（8）室内设计宜将地域文化融入其中，挖掘地域文化特色和地域文化气息，设计出具有特色的、舒适宜人的室内空间。

## 6.2　服务区室内设计的流派和风格

（1）外国古典样式包括罗马样式、欧洲哥特式风格、欧洲文艺复兴样式、欧洲巴洛克风格、欧洲洛可可风格、美国“殖民地时期”风格、古代埃及风格、印度古代样式、日本古典样式等。

（2）欧洲新艺术运动风格解决建筑和工艺品的艺术风格问题，装饰风格是模仿自然界生长繁盛的草木形状和曲线。

（3）伊斯兰风格：装饰的特点主要有券和穹顶的多种样式以及大面积表面图案装饰。

（4）后现代主义装饰主义派：装饰手法有用传统建筑元件（构件）通过新的手法加以组合以及将传统建筑元件与新的建筑元件组合，最终求得设计语言的双重译码。

（5）后现代主义高技派：在建筑室内设计中坚持采用新技术，在美学上极力鼓吹新技术的做法，设计方法强调系统设计和参数设计。

（6）孟菲斯流派反对单调、冷峻的现代主义，提倡装饰。

（7）中国古典样式主要有清式宫廷风格和苏州园林风格。

## 6.3　服务区室内设计的内容和空间组合

室内设计是一门综合性学科，专业包括面较广，可概括归纳为：空间形象的设计、室内装修设计、室内物理环境设计、室内陈设艺术设计等。设计内容包含营造室内环境的空间，组织合理的室内使用功能，构架舒适的室内空间环境。

室内空间按照形式有下沉式空间、地台式空间、母子空间、凹室与外凸室空间。室内空间形态有直线与矩形、斜线与三角形、弧线与圆形。室内空间类型有固定空间与动态空间、开敞空间与封闭空间、虚拟空间与实体空间、单一空间与复合空间。室内空间分隔物有建筑结构和装饰构架、隔断与家具、光色与质感、界面高差的变化、陈设与装饰、水体与绿化等。

综合服务楼室内空间组合设计是以二次限定的手法，在一个大空间中包容一个小空间。组合方式有对接式组合、穿插式组合、过渡性组合、综合式组合等方式。对接式组合是多个不同形态的空间按照人们的使用程序或是视觉构图需要，以对接的方式进行组合，组成一个既保持各单一空间的独立性，又保持相互连续的复合空间。穿插式组合是以交错嵌入的方式进行组合的空间，既可以形成一个有机整体，又能保持各自的相对完整。过渡性组合是以空间界面交融渗透的限定方式进行组合。综合式组合是综合自然及内外空间要素，以灵活通透的流动性空间处理进行组合。

## 6.4 服务区室内空间设计手法

（1）室内造景丰富空间。室内造景可采用两种方法，一是室内进行人工造景，以丰富室内空间。可选择适宜于室内生长的植物，用盆栽置于室内一角，还可以通过叠石、理水、植树等手法，自成景致。二是将室外自然环境引入室内，将室外优美的景致通过大面积的玻璃门窗引入室内，使室内焕然一新。

（2）利用家具装饰空间。家具本身属于一种传统产品，多为木质。现代家具种类繁多，多用如高分子塑料、金属、藤条、竹篾以及许多新材料制作，工艺极为精致。现代家具形式优雅，尺度得体，优良的材料肌理与良好的工艺效果，放置得当可成为室内突出的装饰品。

（3）以色彩感觉丰富空间。根据室内的环境选择色调。一般小空间、封闭空间宜用浅蓝色调；明度低的空间可适当提高彩度与明度；短暂停留的空间，可用暖调并提高彩度、明度、纯度；长久停留的空间，则要悦目和谐，多用浅色调；寒冷地区的室内装饰，应多采用暖色调；炎热地区则多用冷色调。

（4）以艺术品装饰空间。从室内设计的构思出发，布置适当的绘画、雕塑及陈设器皿等，对增加室内环境格调有重要作用。其尺度、色彩、风格、位置都必须与室内环境协调。现代风格的艺术品和工艺品，宜安置在简洁的具有时代感的空间内；传统形式的艺术品和工艺品，布置在具有民族传统的空间内，能产生协调感。

图 6-1　台湾东山服务区室内空间采用艺术品、色彩等多种方法塑造空间

（5）以照明采光强化空间。室内环境通过光线的照射，使各部件形象突出并产生阴影，形成丰富而强烈的感觉（图 6-1）。

（6）创造统一的室内空间格调。

营造室内空间格调的主要因素是由色彩、尺度、比例、纹样、形式、表现质感和加工方法等各方面构成，每个组成部分必须全面考虑来构成一个整体。格调要统一而不单调，变化而不繁缛，统一中有变化，变化中有统一。

## 6.5　服务区室内空间界面处理

空间界面即围合成空间的底面（如楼地面）和顶面（天花板）。空间界面的设计，既有功能技术的要求，也有造型艺术的要求。不同界面的艺术处理都是对形、色、光、质等造型因素的恰当使用。

界面材料构造。材料的质地与肌理，根据其特性，大致可分为天然材料与人工材料、硬质材料与柔软材料、精致材料与粗犷材料等。不同质地和表面处理的界面材料，会给人以不同的视觉感受。界面的边缘、交接、不同材料的连接，其造型和构造处理，都应予以重视。

界面的构图。界面的构图对于整个空间产生的视觉作用具有决定性的意义，空间界面由于线形的不同，划分、尺度、色彩以及肌理质感的不同，会给人不同的视觉和心理感受。界面装修的空间构图，要服从于人体所能接受的尺度比例，同时还要符合建筑构造的限定要求。

界面形体与过渡。界面形体的变化是空间造型的根本，两个不同界面的过渡处理，造就了空间的个性。室内空间的界面形体会以不同的形式处于空间的不同位置，需要通过不同的过渡手法进行处理。

界面质感与光影。材料的质感变化是界面处理常用的手法之一。利用采光和照明投射于界面的不同光影，成为营造空间氛围最主要的手段。质感的肌理越细腻则光感越强，色彩亮度越高，不同质感的界面在光的照射下会产生不同的视觉效果。

界面色彩与图案。色彩与图案是依附于质感与光影变化的，不同的色彩图案赋予界面鲜明的装饰个性，并影响到整个空间。

## 6.6　服务区室内空间的陈设

### 6.6.1　综合楼陈设种类

陈设按种类分有家具的陈设、织物的式样、艺术品摆设和绿化植物陈设等。

（1）家具的陈设。由于室内空间的家具尺寸、颜色对于空间影响很大，一般小面积的空间利用低矮和水平方向的家具使空间显得宽敞、舒展；大面积、净空较高的空间则用高靠背和色彩活跃的家具来减弱空旷感。所以家具的陈设、选择和布置方式，对于室内设计的整体效果起着重要的协调作用。

（2）织物的式样。用于室内的纤维织物统称为室内织物，包括窗帘、地毯、家具面料、墙布以及台布、吊帘、壁挂等。窗帘的种类有悬垂窗帘、网眼织针窗帘、卷帘、罗马帘、威尼斯百叶窗帘、梵蒂冈遮帘、竹苇帘。地毯的种类有绒毯、绒毛刺绣、呢毯制品、地毯绒毛、电子植绒、特殊覆盖物。由于织物覆盖面积大，因而对室内气氛、格调、意境等起着很大的作用。由于织物本身具有柔软、触感舒适的特殊性，所以又能有效地增加空间的亲和力。由于织物的原料、织法、工艺等的不同，织物表面的视感和触感也不相同，织物材料和工艺手段，在室内空间设计中具有举足轻重的地位。以视觉而言，粗纹理往往给人以粗犷的感觉，细纹理则给人以光洁文静的感觉，两者的装饰效果截然不同。为了显示织物的质感，常用一些对比的手法，用光洁的物品配以粗糙的织物，而粗糙的物品则配以光滑的织物。以触感而言，直接与人的皮肤接触的织物适宜质地细密平滑的布料，而需要经常摩擦的织物，可以采用坚固的粗纹理的布料。室内空间的织物的色彩、图案，以及铺设方法必须与室内的整体风格相一致，同时兼顾到各个局部效果。

（3）艺术品摆设。艺术品的摆放对室内环境气氛和风格起着“画龙点睛”的作用。艺术品由于陈设点的不同、大小不同、风格不同，对室内空间气氛起到极其重要的作用。艺术品的选择和使用要根据室内整体的主题设计风格而决定。在风格古朴的室内空间内，铜饰、石雕、古董、陶瓷和古旧家具等是最好的艺术陈设品；在传统风格的中式室内空间中，中国的青铜器、漆艺、彩陶、画像砖以及书画都是最佳的装饰品；在特色主题空间中，可以选用具有浓郁地方特色的装饰艺术品，如现代风格的室内空间，则摆设一些简洁、抽象的、工业化比较强烈的、现代风格的装饰艺术品。

（4）绿化植物陈设。由于人们对自然的向往，对植物的偏爱和赞美，往往用绿化植物来美化室内空间，而且绿化植物可以调节人的精神，调节室内空气，减少噪声，改善小气候，并且增加视觉和听觉的舒适度。绿化植物陈设主要是利用植物的材料并结合常见的园林设计手法和方法，组织、完善、美化室内空间，协调人与环境的关系，丰富并升华了室内空间。绿化植物极富观赏性，能吸引人们的注意力，因而起到空间的提示与引导作用。植物不仅可以作为空间的间隔，又可以阻挡视线，围合成具有相对独立性的私密空间。

### 6.6.2 综合楼陈设位置分类

按照陈设位置分有壁面陈设、橱架陈设、台面陈设、悬吊陈设等。

（1）壁面陈设。绘画作品、字画、摄影作品、壁毯、壁挂、壁雕、壁画等以墙面作为陈设背景的平面艺术品属于壁面陈设。

（2）橱架陈设。艺术收藏品、民间工艺品、纪念品等体积较小的装饰品，以及适合于展示一个或多个表面的陈设品，以橱架作为储藏及展示的背景较为合适。

（3）台面陈设。适合于展示小型雕塑、插画、盆景、烛台、古玩、雕像等有多个表面的、以建筑或家具的台面作为依托的艺术陈设品。

（4）悬吊陈设。从屋顶或天花板垂吊下来，而且没有与地面连接的陈设品。

## 6.7　服务区室内空间的色彩

色彩可分为无彩色和有彩色两大类，无彩色如黑、白、灰，有彩色如红、黄、蓝等七彩。要做好室内空间的色彩设计，首先要确定室内空间总体的基调，然后再针对室内空间的不同区域功能来设定搭配的局部色调，处理色彩关系一般是根据“大调和、小对比”的基本原则，在总体上强调统一，也要有重点地突出对比。

### 6.7.1　色彩象征

色彩能唤起人的第一视觉的作用，比形体更先引人注意，它依附于形体，又相对独立于形体。运用色彩学原理，通过色彩变化产生的各种色彩形象变化、各种情感变化以及各种色彩美的规律变化来进行室内空间设计。

### 6.7.2　色彩形象

色彩的形象喜好禁忌有一定的普遍性，也有一定的个性，因人而异的，不同的国家与地区、不同的民族与宗教信仰，不同年龄、性格与爱好的人对色彩都有不同的爱好及禁忌。

（1）不同国家对色彩的喜好及忌讳（表 6-1）

**表 6-1　不同的国家与地区对色彩的爱好及禁忌**

| 国家和地区 | 喜欢的色彩 | 忌讳的色彩 |
|---|---|---|
| 中国 | 红色、橙色 | 黑色 |
| 日本 | 黑色、红色 | 绿色及荷花的颜色 |
| 马来西亚与新加坡 | 绿色 | 白色、黄色 |
| 土耳其 | 绿色、白色、绯红色 | 花色 |
| 伊拉克 | 蓝色、红色 | 橄榄绿、黑色 |
| 埃及 | 绿色 | 蓝色 |
| 保加利亚 | 灰绿色、茶色 | 浅绿、鲜明色 |
| 德国 | 黑灰色 | 茶色、红色、鲜明色 |
| 法国 | 灰色、黑灰、黄橙色 | 墨绿色、黑茶色、深蓝色 |

（2）不同民族对色彩的爱好及禁忌（表6-2）

**表6-2　不同民族对色彩的爱好及禁忌**

| 民族 | 习惯用色 | 忌讳 |
|---|---|---|
| 汉族 | 红色表示喜庆 | 黑白多用丧事 |
| 蒙古族 | 橘黄、蓝色、绿色、紫红色 | 淡黄色、绿色 |
| 藏族 | 白色代表尊贵，喜欢黑、红、橘黄、褐色 | 淡黄色、绿色 |
| 维吾尔族 | 红、绿、粉红、玫瑰红、紫、青、白色 | 黄色 |
| 苗族 | 青、深蓝、墨绿、黑、褐色 | 白、黄、红色 |
| 回族 | 蓝色、绿色 | 不洁净色彩 |
| 满族 | 黄、紫、红、蓝色 | 白色 |

（3）不同年龄性格的色彩喜好差异

不同年龄性格的人对色彩的喜好也有差异，一般来说，青年女性与儿童大都喜欢单纯、鲜艳的色彩；职业女性最喜欢的是有清洁感的色彩；青年男子喜欢原色等较淡的色彩，可以强调青春魅力；而成年男子与老年人多喜欢沉着的灰色、蓝色、褐色等深色系列。性格不同也会影响对颜色的喜好。对于性格内敛、内向者多半喜欢青、灰、黑等沉静的色彩；而性格活泼开朗、乐观好动者则会更中意红、橙、黄、绿、紫等相对鲜艳、醒目的色彩等。

### 6.7.3　色彩搭配

轻快玲珑色调：中心色为黄、橙色。地毯橙色，窗帘、床罩用黄白印花布，沙发、天花板用灰色调，加一些绿色植物衬托，气氛别致。

轻柔浪漫色调：中心色为柔和的粉红色，地毯、灯罩、窗帘用红加白色调，家具白色，房间局部点缀淡蓝，有浪漫气氛。

典雅靓丽色调：中心色为粉红色。沙发、灯罩粉红色，窗帘、靠垫用粉红印花布，地板淡茶色，墙壁奶白色，此色调适合少妇和女孩。

典雅优美色调。中心色为玫瑰色和淡紫色，地毯用浅玫瑰色，沙发用比地毯浓一些的玫瑰色，窗帘可选淡紫印花的，灯罩和灯杆用玫瑰色或紫色，放一些绿色的靠垫和盆栽植物点缀，墙和家具用灰白色，可取得雅致优美的效果。

华丽清新色调。中心色为酒红色、蓝色和金色，沙发用酒红色，地毯为暗土红色，墙面用明亮的米色，局部点缀金色，如镀金的壁灯，再加一些蓝色作为辅助，即成华丽清新格调。

（1）具有“阳光味”的黄色调会给人的心灵带来暖意，向北或向东开窗的房间可尝试运用。

（2）看惯了统一的色调，想来点新的变化，不妨采用活泼的色彩组合，粉红色配玫瑰白，搭配同样色系组合的窗帘、沙发、靠垫，委婉而多情。

（3）冷灰色通常给人粗糙、生硬的印象。在宽敞而光线明媚的房间，大胆选用淡灰色，反而会让您的白色床具和窗棱更为素净高雅。不过别忘了穿插一些讨人喜欢的颜色，如一瓶鲜花、一组春意盎然的靠垫，使房间多一分生机与活力。

（4）蓝色有镇定情绪的作用，非常适合富有理智感的人选择。但大面积的蓝色运用，反而会使房间显得狭小而黑暗，穿插一些纯净的白色，会让这种感觉有所缓和。

（5）灰绿色具有怀旧的个性。粗线条的运用显现出墙板本身的条纹与疤结，使怀旧的味道得以延伸。

（6）橙色系时时散发着水果的甜润，适合搭配柔软的家饰来强调这种自然的温馨。为使房间不过于轻浮，可以选择黑色的铁艺沙发、角柜，甚至门板与画框，在甜蜜的气氛中张显成熟的个性。

### 6.7.4　色彩的作用

（1）色彩感的吸引力。人根据五种感觉——视觉、听觉、嗅觉、触觉、味觉产生不同的心理作用，进而采取行动。

（2）色彩情感作用。色彩是沉默无言的，然而却能透过人的眼睛在人的心里沉淀为一种心境，色彩带给人的情感作用是不容忽视的。色彩的良好搭配能带给人美妙的色彩环境及富有诗意的气氛，而失败的色彩搭配将会使整个环境变得不适。

（3）色彩的对比与调和。色彩的协调性包括调和色的协调和对比色的协调。色彩的协调意味着色彩三要素的靠近，从而产生一种统一感，但过分的统一又将失去生气与活泼，会显得沉闷和平淡。因此色彩的协调表现为追求色与色的对比中的和谐，对比中的衬托。对比指性质对立的双方相互作用、相互排斥，在某种条件下，对立的双方也会相互融合、相互协调。

（4）色彩改善空间。色彩有前进和后退的视觉效果，一般暖色给人感觉突出、向前，冷色则收缩、后退。

（5）色彩丰富造型。色彩还具有丰富造型的作用。在对单调实墙面进行装饰时，鲜明的色块与奇特的构图，可以使墙面丰富生动，在装饰材料不变的情况下，取得良好的效果。

（6）色彩统一形象。室内空间的色彩就如整个室内的精神面貌，主色调及标准色的采用，可以使装饰构件繁杂、造型凌乱的超市变得统一协调，更为纯净，产生和谐美。

### 6.7.5 色彩的应用

（1）同类色应用。同类色是典型的调和色，搭配效果为简洁明净、单纯大方。同类色组合也容易产生沉闷、单调感，在应用时通常利用物体的不同质地、肌理和光影的差别，适当地加大色彩浓淡的差别，并且在此基础上配以对比色的装饰、摆饰或陈设物的点缀，并且注意在色相冷暖等方面与基调相对照，虽然占的色块不大，但会产生明显的效果，使整个空间增添生动活泼的气氛。

（2）邻近色应用。邻近色又可称为类似色及近似色，也是调和色搭配。由于这种搭配比同类色搭配更富有层次和变化，因此适用于空间较大、色彩部件较多、功能要求复杂的场所。

（3）对比色应用。最典型的对比色搭配，称之为补色搭配。非补色的对比搭配，称之为弱对比搭配。补色搭配对比强烈，具有鲜明、活泼、跳跃的视觉效果，对比色彩搭配时，应该注意三点：对比色占面积的比例；对比色彼此的交错与渗透；适当采用中和色。

（4）黑白色彩应用和仿生色。有彩色产生活跃的效果，无彩色产生平稳的感觉。黑、白这两种色彩搭配在一起，将会取得上佳的效果。黑色代表庄重大方，白色代表明亮纯净，黑色与白色作为两种主要的无彩色，应用范围很广。它们的合成色灰色由于与其他色彩相互组合时，既能表现差异，又不互相排斥，具有极大的随和性，所以也被频繁地用于色彩搭配（图6-2）。

（5）环保与亲近自然色。在进行色彩搭配时，可以根据实际情况运用模仿自然的色彩搭配方法，以自然景物或图片、绘画为依据，按照其中的色块比例进行室内空间色彩搭配。这些模仿自然或图片的色彩搭配能使人联想到大自然，给人以清新、和谐的感觉。

（6）色彩营销。研究表明，红色使人心理活跃，绿色可缓解紧张，黄色使人振奋，紫色使人压抑，灰色使人消沉，白色使人明快，淡蓝色使人凉爽……色彩的这些效能，可以用来调节情绪、影响智力、改善沟通环境。美国一家饭店老板为招揽顾客，将墙壁涂上幽雅舒适的淡绿色，引来很多顾客就餐，但令老板伤脑筋的是，虽然顾客盈门，营业额却不高。后来他按色彩专家的意见，将餐厅颜色改为粉红色，此举立竿见影，客人不仅食量大增，而且吃完就走。在这个例子中，淡绿色和粉红色都能

图6-2 沈海高速如皋服务区

吸引顾客前来就餐，但淡绿色使人乐而忘返，这令许多乘兴而来的顾客因找到座位兴奋而不愿离去，粉红色虽同样吸引顾客，但会令顾客兴奋而不愿久留，色彩变化的结果，使饭店里的顾客周转快，利润猛增。

色彩应用的案例：如皋服务区以青砖为整个如皋服务区建筑物室内外装饰和铺装的主装修材料，青灰色调沉着稳重。室内注意用中国传统的红黑两色为主色调，以长“寿”为文化依据，长“绿”为文化内涵，环境设施、景观、室内、围墙造型、室内壁画等都可以看到文化内涵的痕迹。

## 6.8　服务区主要功能空间室内设计要点

### 6.8.1　公共卫生间室内空间设计

公厕是高速公路服务区的重要组成部分，它的位置应便于驾乘人员使用，公厕靠近停车场设置（特别是大型车停车场）；公厕一般离停车场不超过30m，同时离综合楼的距离不太远，也可与综合楼合并设置。

1. 公共卫生间规模

高速公路服务区公共厕所的使用功能有其特殊性，往往在某一特定时段短时间达到使用的高峰点。比如，当有大型巴士（有时可能两三辆同时到达）进入服务区时，公厕立即达到高峰位的数量，一般要满足两辆大客车的乘客同时使用，公共厕所的设计规模与停车场的车位数紧密相关。在规模上要充分考虑旅客入厕的宽松度，数量要足够，一般要满足两辆大客车的乘客同时使用的要求。

（1）计算使用厕所人数。根据每小时收容停车能力，算出停留人数，按其中80%使用厕所。

（2）计算男、女使用厕所人数一般按男、女比例为2∶1计算。

（3）计算大小便器数目，男小便器数周转率为60人/h，男大便器周转率为20人/h，大便人数与小便人数比例为2∶8，女周转率为30人/h。

（4）计算厕所面积，每厕位按4$m^2$计算。

（5）高速公路服务设施公厕的标准建议按住建部《城市公共厕所规划和设计标准》CJJ 14—2005中的一类公厕标准设计，即每蹲位（坐）建筑面积指标为7~9$m^2$。男厕按7$m^2$/蹲位，女厕按8$m^2$/蹲位考虑。

2. 公共卫生间分类

公共卫生间可以按照建筑形式、建筑等级、建筑结构、冲洗方式和资产归属等不同方法进行分类。按照建筑形式，可分为独立式、附建式和活动式；按照建筑等级，可分为一类公厕、二类公厕和三类公厕；按照建筑结构，可分为砖混结构公厕、钢结构公厕、木结构公厕、砖木结构公厕和简易结构公厕；按冲洗方式，可分为水冲式公厕和旱厕。

（1）独立式公共卫生间。独立式公共卫生间是与其他建筑结构并无关联的独立建筑结构，独立式公共卫生间包括以下几种类型。建筑小品型：以特殊艺术表达而给人以新颖别致的美感，建筑风格明确。多功能型：分为内功能型和功能型两种，内功能型包括内部设施的多功能组合、厕位设施的多种组合以及带有其他设施；功能型公共卫生间连带商业或文化设施，如阅览橱窗、报刊销售、广告设施、娱乐设施等。地下型或半地下型，这种类型的主要目的是节约地面用地，可与地面建筑配套建设。分层型，男女卫生间分层设计，一般男士卫生间设在二层，而女士卫生间和残疾人专用卫生间设在一层。

（2）附建式公共卫生间。附建式公共卫生间一般属于主体建筑的附属部分，建筑风格跟随主体建筑。它可单独设出入口，与主体建筑分门出入以便不影响主体建筑使用人员的进出，也可与主体建筑使用同一门出入，可以通过主体建筑的门厅、通道等组织人流进入公厕，为公众提供方便。公厕内的基础设施，如上下水设施、排粪化粪、照明、通风、取暖、厕位设备等应与整体设计相统一。附建式公共卫生间还包括单位办公楼中的公共卫生间、宾馆的大堂卫生间、食堂卫生间或职工宿舍楼中的公用卫生间等。

（3）活动式公共卫生间。活动式卫生间可以较为方便地整体移动并且重复利用率较高。一些受地形和用地限制场所，出现了这种占地面积小、机动性强的公厕为公众提供服务。标准型流动公厕占地面积很小，一般为 $5\sim10m^2$，可放置于任何地点，机动性较强，可以重复使用，减少了拆迁造成的浪费。

3. 公共卫生间总体设计原则

（1）公共卫生间设计与区域文化背景之间的统一。公共卫生间的设计应和周围环境相协调，与区域的文化背景相一致。在欧美的一些国家的公共卫生间中，常年会摆放盛开的鲜花或绿色植物，这会给人留下美好的印象，不仅是对卫生间，也是对整个区域对待生活的态度的一个侧面的反映。而根据地区的历史文脉设计相应的室内室外空间造型，会使卫生间更好地融入区域文化大背景中。

（2）与服务区环境形象系统之间的和谐统一。公共卫生间是服务区形象的子系统，公共卫生间的形象不仅从某个侧面反映服务区所处地域的文化特征，还直接反映着服务区的经济水平。所以，公共卫生间不仅应该在功能上符合时代要求，在建筑艺术上也应当求新、求美，在设计中应恰如其分地展现服务区环境形象，使它们和谐统一。

（3）设计应注重环境保护的要求。随着经济的快速增长，环境问题也越来越突出，成为我们关注的主要问题。而对于公共卫生间而言，节约水源和粪便污水的有效处理就是设计中的重点环节。现在国内外的生产厂家和设计部门都在致力于开发优良的节水和粪便处理技术，已经取得了普遍的成效。

（4）设计应追求外观美与功能的适度统一。公共卫生间的外观美不是追求豪华的装饰和哗众取宠的视觉冲击，公共卫生间的设计应该与服务区的经济发展水平相持平，更注重内在功能与应用上的革新，提高人们使用的舒适程度和心理满足感，在设计的过程中将美观与使用功能相结合，达到相辅相成的效果。

（5）设计应注重人性化需求。要使公共卫生间更好地为人所用，就要充分了解人的基本需求和特殊需求，了解人体活动的各种功能尺寸，懂得人的心理和行为需要、审美要求、社会活动属性等。

（6）确保如厕人员的安全。确保公共卫生间的入口位于建筑物的正面，设计时尽量考虑如何防止犯罪现象，使得卫生间由内而外一目了然；当内部发生事故时应预备有防备和呼救措施；避免使用易滑倒的地面材料；为减少破坏和偷窥，墙面应尽量少设置窗户而采用顶棚采光；建筑周围的植被应尽量选择低矮和多刺的灌木以避免人靠近。

（7）确保宽敞与明亮。在照明方面，公共卫生间应同时考虑防犯罪性和隐私性，有一些较为优秀的设计范例，比如将卫生间墙面设计成透光不透明的玻璃幕墙，这样在白天的时候可以充分利用自然光；到了夜间，顶灯的人工照明透过玻璃幕墙照射到外面，反而使卫生间起到给人带来安全感的效果，还有用聚光灯照射卫生间以达到安全的亮度（图6-3）。

图6-3　使用鲜艳的颜色和圆形的镜子，营造出轻松愉快的氛围

4. 公共卫生间设计要点

（1）总体布局

服务区公共厕所往往是高速司乘人员最为迫切使用的服务设施，在总体布局时应布置在停车场附近并靠近服务区入口的位置。有条件时应尽量靠近大型客车停车场，设置时应考虑按照大型客车群体出行人员使用时间较集中的特点进行厕

内设施配置。公厕与综合楼中其他的服务功能有所不同，在满足大量人流在进入服务区就方便使用的同时，也要兼顾餐厅、免费休息所和超市中人群的使用，同时还应与其他这些功能保持一定的距离，目前的常规设计手法都是采用连廊将二者连接起来。厕所内外环境应充分重视，可利用落地窗，透过玻璃看到外面的青山绿水，或者在玻璃窗外布置微型庭院。

（2）功能分区

公共厕所通常设男厕所、女厕所、男女盥洗室、无障碍专用厕所，杂物间等。卫生间不仅是一个可以满足人们最基本排泄需要的地方，设计考虑便器的数量、男女的比例；同时它还承载着很多附加的功能，如为婴儿换洗尿布、更衣、整理妆容，应考虑是否设置休息区域、是否将盥洗区域扩大以及光线昏暗的问题、不易清洁的问题、小孩因害怕而不敢使用的问题、出入口死角给人不安全感的问题等。

公厕有条件最好男女盥洗室分开布置，洗浴、如厕分开，大便间、小便间和盥洗室分室设置，各室应具有独立功能。按照不同的如厕需求计算男厕面积及其大小便器数量和女厕的面积，合理布置卫生洁具和洁具的使用空间，并应充分考虑无障碍通道和无障碍设施的配置，并进行视线设计，避免相互间的视线干扰和视线穿越。在某些特殊的公共卫生间，还应设计行李架和挂衣服的空间，设计当中遵循经济和适度原则（图6-4和图6-5）。

图6-4　公共卫生间室外盥洗空间

公共卫生间的休息功能：向人们提供一个过渡和休息的空间，可营造一些休息氛围，还能加上音乐和阅读物或视频功能。拓展盥洗功能，传统的洗手功能将得到进一步的完善，冷热水自动调节龙头、自动洗手液供给、擦手和烘干设备的应用以及这些设备在外观形式上的设置都越来越得到关注。注重不同性别人群的特殊需求，考虑男性和女性如厕时的用时、需求、附加动作都不相同，对于女性而言，公共卫生间不只是排泄的场所，而是作为整理妆容的场所甚至是交谈的场所。整理服饰、化妆、补妆等私密性活动常常会在公共卫生间中发生，而这就要求在公共卫生间中设置相应的设备设施，如开辟专用的空间，设置整体穿衣镜，放置手袋的挂钩和台面，增添座椅、电源插座等设备，供人们舒适地完成这些私密性活动（图 6-5）。

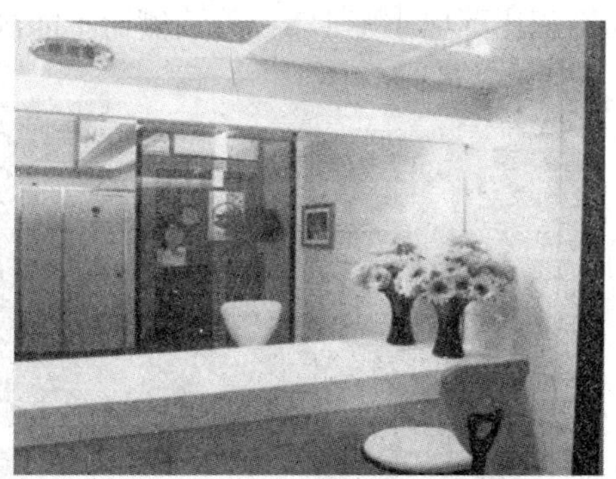

图 6-5　公共卫生间女厕盥洗空间

女厕所中设置梳妆区供梳妆用，还设有求助铃供旅客求助用，如遇求助，现场清洁人员立即前往处理，必要时通知领班、值日人员或保安协助。

（3）建筑造型

服务区公厕的建筑规模一般在几百平方米左右，大多数为单层，体量不大，在建筑造型设计时应将其纳入综合楼统一考虑，可与主楼用连廊连为一体，独立设置时其风格尽量与综合楼相协调。一个路段内公厕应统一建筑格调，统一外观色彩，以增加其标识性。公共厕所的设计应以人为本，符合文明、卫生、适用、方便、节水、防臭的原则。厕所外观和色彩的设计应与环境协调，并应注意美观（图 6-6）。

图 6-6　宁波慈城古色古香服务区厕所

（4）器具、设备、通风等细部设计

为了避免接触传染，大小便池的冲水和洗手池采用自动感应式。公共厕所墙面必须光滑，便于卫生间的清洁与及时维护。为了保证清洁的质量，在设计中应当使用易于打理的建筑材料，给予地面材料、隔板设计和固定设备以特别关注；应尽量使用相同性质的材料，以便减少清洁剂和药品的种类；应尽量避免人体尺度难以触及的死角；要使排水沟、垃圾排泄管道、水槽闸门等易堵塞的部位容易接近，从而必要的时候可采用管道疏通杆疏通。地面必须采用防渗、防滑材料铺设。

公共厕所通风方式优先考虑自然通风，公共厕所的建筑通风、采光面积与地面面积比不应小于1:8，外墙侧窗不能满足要求时可增设天窗。

图6-7　某公共卫生间提供完善的卫生用品

公共厕所装修标准要适当提高，一般要达到三星级宾馆的厕所标准，应特别强调清洁感，除能充分采光、换气外，厕所宜宽敞明亮、干净整洁，要选用具有清洁感的材斜，并易于清扫和维护。随着公共卫生间使用功能的拓展，相应的卫生用品的提供也应当更趋完善。不仅要提供卫生纸、洗手皂液等基本的卫生用品，更应当拓展到毛巾、内衣、简单化妆品、常用药物、书刊、报纸等，这些用品可采用自动售货机等形式进行供应（图6-7）。

（5）公厕中的尺度

室内净高3.6m，层高一般以3.2～3.5m为佳，室内地坪标高应高于室外地坪0.15m，门洞不少于80cm。每个蹲位长100cm+90cm（长+宽）；蹲位宜高出地面15cm；蹲坑宽16～20cm为宜，各蹲位间的隔板高1.2m，采用悬臂式隔板的，隔板离蹲位地面的悬空高度以6～8cm为宜。洗脸盆或盥洗槽水嘴中心与侧墙面净距不宜小于0.55m；并列洗脸盆或盥洗槽水嘴中心间距不应小于0.7m；单侧并列洗脸盆或盥洗槽外沿至对面墙的净距不应小于1.25m；双侧并列洗脸盆或盥洗槽外沿之间的净距不应小于1.8m；并列小便器的中心距离不应小于0.65m；单侧厕所隔间至对面墙面或者至对面小便器或小便槽外沿的净距：当采用内开门时，不应小于1.1m；当采用外开门时不应小于1.3m；双侧厕所隔间之间的净距：当采用内开门时，不应小于1.3m；当采用外开门时不应小于1.5m（图6-8）。

图6-8　男厕所小便斗

（6）特殊人群的如厕

特殊人群的定义不单单指身体有残障的人群，还包括行动不便的老人、儿童、患有便尿疾病的人、带有婴儿或婴儿车的父母和第三性征人群等。无障碍设计首先要设置残疾人厕所，或者设置残疾人或老年人厕位，公共厕所的大便器应以蹲便器为主，并应为老年人和残疾人设置一定比例的坐便器，一般每个厕所设座式便器2~3个，供特殊群体使用。为残障人士设计的特殊空间应靠近公厕入口布置，使行动不便者能够更方便地使用公厕。考虑入口门厅的空间可以让轮椅者周旋，要有一定的宽度和进深，不能出狭窄的通道无法通行；残疾人专用厕所中隔间的大小、便器的布置和高度、扶手的设置等必须使乘轮椅者可方便地在便器与轮椅之间转换。对于残疾人、老人和儿童厕所中的坐便器与小便器旁应设置安全扶手。根据有关建筑要求及规定，男蹲位（大小便）面积为$3m^2$/处，女蹲位面积为$4.5m^2$/处，而残疾人专用蹲位面积为$20m^2$。

对于卫生间中洗手盆设计，需要考虑合适的使用进深和安装高度，盆下留有一定空间，以满足坐轮椅者和正常人的使用要求。空间较大的厕所可以方便轮椅使用者和需要大空间的使用者使用，例如使用助走器的人或孕妇，如图6-9所示。

图6-9　无障碍卫生间

残疾人。对于坐轮椅的人来说，卫生间外走道尺寸和卫生间门的尺寸最起码要能使一台较为先进的多功能轮椅通过，最好是能设置使一台轮椅和一个行人同时通过的宽度。通常，一台普通轮椅的宽度为650~800mm之间，在卫生间内部的转身空间要做到1.5m的半径为宜。

老年人。对于老年人、行走不便的人、腿部患有疾病难以下蹲的人等，则要设置辅助行动的扶手，一般扶手的高度和宽度、扶手的形式在建筑设计资料集上都有详细的分类（详见《建筑设计资料集1》）。

带婴儿车的人。普通的婴儿车宽度在550~600mm之间，长度约为850mm，当有人推车的时候总长度可达到1450mm。双人婴儿车宽度范围为850~1000mm，长度约为850mm，加上推车人后长度也达到1450mm，其需要的转身空间与轮椅几乎是一样的。卫生间宜提供为孩子换尿布的婴儿桌。

有一些儿童较为集中的地方，应当根据儿童的身体尺度专设卫生洁具，如较低的洗手盆、小便池、镜子、挂物钩、扶手、烘手器等。

女性厕所灯光要充足，以免造成卫生间性骚扰。应避免由于蹲位不足而形成

图 6-10　古坑服务区公共厕所旁哺（集）乳室提供冷热饮用水

长时间的等候，避免坐便器的不洁形成交叉感染。设置扶栏、挂物钩，提供厕纸等设施，增加为孕妇服务的项目（图 6-10）。

（7）公共卫生间文化公共性与私密性

日本的女性如厕时，很在意别人听见自己的声音，为避免尴尬，都会在关上门后先冲一次水来进行声音的掩盖。TOTO 公司就针对这一项女性的如厕习惯，发明出了一种叫做“音姬”的特殊装置。这种装置放在厕所内可发出冲水的声音，女性如厕时轻轻一按，便可掩饰如厕时的羞怯心理，还可以减少两次冲水造成的水资源浪费。

### 6.8.2　餐厅室内空间设计

服务区的餐厅是除公厕之外司乘人员使用频率最高的服务设施，也是建筑规模最大的单项服务功能。它一方面为在服务区短暂休息的人们提供就餐服务，另一方面为客房部的住宿人员提供服务。其营业时间应是 24h 服务营业，高峰期在中午和下午的就餐时间发生，服务区餐厅大部分为自助快餐式的供应方式。

餐饮空间的构成有餐饮系统（各种风味的餐厅、自助餐厅、酒吧、酒廊、咖啡厅、茶座等）、盈利性餐饮服务机构（餐馆、酒楼、快餐店、食街、风味小食店、各类餐饮连锁店、茶馆、茶楼、茶吧、酒吧、咖啡屋等）、半盈利性的餐饮服务机构（包括单位食堂、餐厅）。

1. 餐厅设计理念

（1）餐饮空间的设计应以市场为导向原则，注重符合性和适应性，突出服务性、主题性、文化性、灵活性，以及多维设计原则（平面设计、立体设计、时空设计、意境设计）。

（2）餐饮空间的设计应突出体现地方特征，以文化为内涵，如广州“潮人食艺”主题餐厅，是一所取意于广东潮汕地区传统的食艺文化之主题餐饮空间。

（3）以科技为手段，随着经济和科技的发展，装饰材料日新月异，在装饰行业的应用也越来越多。

餐厅设计涉及的范围很广，包括餐厅位置选择、制作流程、餐厅室内设计、餐厅的设备设计、陈设和装饰等许多方面。外部设计方面包括：外观造型设计、标识设计、门面招牌设计、店外绿化布置、外部灯饰照明设计等。餐厅内部造型设计包括：餐厅室内空间布局设计、餐厅主题风格设计、餐厅主体色彩设计、照明的确定和灯具的选择、家具的配备、选择和摆放等（图 6-11）。

图 6-11　德国高速公路某服务区的快餐店

2. 餐厅设计程序

餐厅设计程序：熟知现场—了解投资—分析经营—考虑因素—决定风格—创意方案图—审核修整—设计表达（平面图、立面图、结构图、效果图、设计说明等）—材料选定—跟进施工—家具选择－装饰陈设—调整完成。

进行餐饮空间设计时，关键是做好目标定位和设计切入两方面的工作，目标定位是指在进行餐饮空间设计时，在餐厅顾客和设计者之间的关系中，以顾客为先，如：功能、性质、范围、档次、目标，建筑环境、资金条件以及其他相关因素等要考虑的问题。设计切入是指按照定位的要求，进行系统的有目的的设计切入，从总体计划、构思、联想、决策、实施，发挥设计者的创造能力。

（1）调查、了解、分析现场情况和投资数额；

（2）进行市场的分析研究，做好顾客消费的定位和经营形式的决策；

（3）充分考虑并做好原有建筑、空调设备、消防设备、电器设备、照明灯饰、厨房、燃料、环保、后勤等因素与餐厅设计的配合；

（4）确定主题风格、表现手法和主体施工材料，根据主题定位进行空间的功能布局，并做出创意设计方案效果图和创意预想图；

（5）和业主一起汇审、修整、定案；

（6）施工图的扩初设计和图纸的制作：如平面图、开花图、地坪图、灯位图、立面图、剖面图、大样图、轴测图、效果图、设计说明、五金配件表等。

3. 餐厅规模确定

餐馆建筑规模的确定与各种车辆的车型比和各种车辆的停车数有关。不过在大多数情况下，由于各种车辆的车型的确定较困难，所以餐馆的建筑面积只能按照计划停车车位数提供一个参考数据。服务区的餐馆规模的确定是一个很复杂的过程，不仅要考虑停车状况，同时也要考虑服务区所处的地理位置及在高速公路上所处的位置。

餐厅的建筑规模与停车车位数有密切的关系。按如下思路测算：

（1）计算每小时收容停车能力 $N$，$N$ 按不同车型计算；

（2）计算使用餐厅的车辆数 $N'$；

$\delta$小、$\delta$大、$\delta$货分别为小型车、大客车和大货车使用餐厅的车辆数，取值如下：$\delta$小 $=50\%$，$\delta$大 $=8\%$，$\delta$货 $=50\%$，则：

小型车：$N'$小 $=N$小 $\times\delta$小（辆）

大客车：$N'$大 $=N$大 $\times\delta$大（辆）

大货车：$N'$货 $=N$货 $\times\delta$货（辆）

（3）计算使用餐厅的人数 $N_1$。

$K$小、$K$大、$K$货分别为每辆小型车、大客车、大货车使用餐厅的人数，取值如下：$K$小 $=3$ 人/辆，$K$大 $=40$ 人/，$K$货 $=2$ 人/辆，则：$N_1=3N'$小 $+40N'$大 $+2N'$货。

（4）计算餐厅所需客席数 $G$ 按快餐形式计算，一般为 25min，如按桌饭形式，则为 35min，折中取 $S=30\text{min}$，则：$G=N_1\times S/60$。

（5）计算餐厅面积

餐厅面积包括厨房、仓库、办公室、更衣室、厕所等，按每席位 $5\text{m}^2$ 计算，则：$A_{厅}=5G$（$\text{m}^2$）

4. 餐厅功能分区

对于餐饮空间的设计规划是一种区域的分配与布置，是按经营的定位要求和经营管理的规律来划分的，要求与环保卫生、防疫、消防及安全等特殊要求同步考虑。餐厅的功能主要包括三大部分：就餐区域、后厨区域和后勤辅助区域。就餐区域主要包括中餐、西餐、快餐，包厢、贵宾包厢和配套包厢，餐饮区域大都设置在采光和景观朝向良好的位置，使大客车旅客进餐时有好的视线能观察到所乘车辆，进餐时保证不误车，配合一定的管理用房。后厨区域主要包括：主副食库、主副食粗加工间、主副食细加工间，冷拼间、配餐间，洗消间。后勤辅助区域包括更衣室、淋浴间、厨师宿舍。餐饮空间的功能除了用餐功能外，还有娱乐与休闲、信息交流、团聚、餐饮文化享受等功能。

在服务区的餐饮区，除了提供各种快餐外，还可以现场制售各种特色美食，不仅有顿餐、快餐和围桌合餐等种类，而且还会有当地风味菜饭、名优小食，甚至对那些信奉伊斯兰教的客人可供应清真佳肴和清真食品。

餐饮功能的组成及设计要点见表 6-3。

**表 6-3　餐饮功能组成及设计要点**

| 功能分区 | 所在位置 | 设计要点 |
|---|---|---|
| 餐饮功能区 | 门面和出入功能区 | 也称“脸面”，最引人注目，容易给人留下深刻的印象。有外立面、招牌广告、出入口大门、通道 |
|  | 接待区和候餐功能区 | 主要是迎接顾客到来和供客人等候、休息、候餐的区域。一般设在用餐功能区的前面或者附近，面积不适过大，但要精致，以营造一个放松、安静、休闲、情趣、观赏、文化的候餐环境 |
|  | 用餐功能区 | 用餐功能区是餐饮空间的主要重点功能区，设计要点包括餐厅的室内空间的尺度，分布规划的流畅，功能的布置使用，家具的尺寸和环境的舒适等 |
|  | 配套功能区 | 配套功能区一般是指餐厅服务的配套设施，是餐厅的档次的象征 |
|  | 服务功能区 | 服务功能区也是餐饮空间的主要功能区，主要是为顾客提供用餐服务和经营管理的功能 |
| 制作功能区 |  | 制作功能区是餐饮空间的主要重点功能区，又是整个餐厅食物出品制作的心脏。主要设备有消毒柜、菜板台、冰柜、点心机、抽油烟机、库房货架、开水器、炉具、餐车、餐具等。厨房制作功能区的面积与营业面积比为 3∶7 左右为佳 |
| 后勤辅助区域 |  | 更衣室、淋浴间、厨师宿舍 |

5. 餐厅创意设计

（1）餐饮空间的创意设计是餐厅总体形象设计的决定因素，它是由功能需要和形象主题概念而决定的。创意设计的关键是设计主题的定位、施工材料的选择和制作技术的配合（图 6-12）。

图 6-12　会宁高速无锡堰桥服务区餐厅景观

（2）经营形式是主题餐饮空间创意设计定位的关键。在创意设计中，餐厅的内容表现为餐厅功能内在的要素总和，创意设计的形式则是指餐厅内容的存在方

图 6-13　独具特色的室内就餐空间

式或结构方式，是某一类功能及结构、材料等的共性特征。在创意设计时，应该充分注意内容与形式的统一（图 6-13）。

（3）民俗习惯、地区特色是主题餐饮空间创意设计的源泉。主题餐饮空间作为一种空间形态，它不仅满足着那个民族和地区餐饮活动的需要，而且还在长期的历史发展中，逐渐成为一种文化象征。

（4）时代风貌是主题餐饮空间创意设计的生命力。在主题餐饮空间的创意设计中，要考虑满足当代的餐饮文化活动和人们现代行为模式的需要，积极采用新的装饰概念和装饰技术手段，充分体现具有时代精神的价值观和审美观，还要充分考虑历史文化的延续和发展，因地制宜地采用有民族风格和地方特色的创意设计手法，做到时代感与历史文脉并重（图 6-14）。

（5）环境因素是主题餐饮空间创意设计的再创造。整个环境是个大空间，主题餐饮空间是处于其间的小空间，二者之间有着极为密切的依存关系。餐饮空间的环境包括有形环境和无形环境，有形环境又包括绿化环境、水体环境、艺术环境等自然环境和建筑景观等人工环境，无形环境主要指人文环境，包括历史、文化和社会、政治因素等（图 6-15）。

图 6-14　舒适的室内就餐空间

图 6-15　干净便利的快餐店能为司机提供优质的服务

6. 餐厅设计要点

（1）餐厅的位置应设置在停车场附近，小客车和小型货车司乘人员使用餐厅较多，餐厅应设置在小型车用停车场附近。餐厅的主入口应开向楼前活动、疏散广场，并面向人流主要方向。

（2）餐厅就餐区应有优越的眺望条件和良好的周边绿化环境，使就餐者能很好地眺望周围景观，达到舒适休息、转换气氛的目的。

（3）餐饮区布置一个环境雅致的休息室，墙上挂一些当地艺术工作者的作品，长途旅行的游客可以在这里放松身心、缓解疲乏。

（4）餐厅设计除考虑桌椅的排列布置和结构布置的经济合理外，还应注意进出口、座位排列、冷热水供应、碗筷集中等，路线应尽量避免交叉，使人流路线便捷。

（5）餐厅要有良好的通风和采光，门窗布置要考虑通风、采光均匀，避免死角或暗角。

（6）餐厅的厨房区域应布置于用地中较隐蔽位置并与餐厅紧密相连，并开设专门的后勤出入口，方便主副食原材料的搬运和装卸，主副食操作路线要求短捷，避免产生交叉。厨房采用自然通风采光，休息室、厕所远离操作间的部位，既卫生又便于管理。准确把握库房—操作间—加工间—餐厅之间的关系，满足各房间本身的功能要求。餐饮操作间要有一定的空间，符合卫生要求，成品熟食间要封闭，通过吧台橱窗盛饭菜。饭厅宜分别设置快餐厅、点菜厅、包厢，以适应不同层次旅客的就餐需要。

（7）餐饮无障碍设计。餐厅应设置残疾人专用室外坡道、专用厕所等无障碍设施方便残疾人使用，体现以人为本的设计宗旨。服务区内餐饮服务用房的出入口宽度至少在1200mm以上，有高差时，坡度应控制在1/12以下，两边宜加棱，并采用防滑材料。出入口周围要有1500mm，地面500mm以上水平空间，以便于轮椅使用者可以停止或回转。入口如有牌匾，其字迹要清晰、醒目，要做到弱视者可以看清，文字与底色对比要强烈，最好能设置盲文。道路至建筑物出入口的通路部分应做成水平面或者平缓的斜面。人行道或出入口的通路部分不应都设置有高低差的台阶，在非设不可的情况下，要特别注意考虑其安全性。人行道或出入口的通路部分的路面应平坦且不打滑。

### 6.8.3 超市室内空间设计

1. 超市规模确定

服务区的购物区按超市的要求设计，超市为小型超市，主要为服务区工作人员和进出服务区的旅客提供服务，其商品种类不多，主要经销日常旅行用品、当地名优产品、土特产以及各类方便食品和饮料等。在商贸方面，不仅有日用百货，而且还备有高档衣物，当地拳头食品、饰物，以及面向妇女、儿童的用品和文件书刊。在其他方面，还会开展银行和邮政业务。

超市分内卖和外卖两部分，一般认为到服务区的人数中约有 25% 的人去超市。在超市停留时间为2min，每小时周转率为30次，顾客每人所需面积为$2m^2$，一般建筑面积为$100 \sim 300m^2$，可根据停车位确定，超市内可设一单独房间作为仓库和办公室。超市的经营方式是服务区发展的趋势，未来可能出现大型超市的连锁。国内大多数服务区均未把外卖部列入建筑规模，但实际上外卖部生意不次于内卖部，尤其是在夏秋季节，山东省济青路潍坊服务区自行建设的外卖门头房，每年租赁收入就给服务区增加十多万元的效益。

超市规模测算如下：

设高峰小时到超市（内卖）的顾客人数为$N_3$，则：

$$N_3 = (3N_{小} + 40N_{大} + 2N_{货}) \times 25\%$$

超市（内）建筑面积：$A_{小} = N_3 \times 2/30$ 则：$A_{小} = N_3/15$（$m^2$）

2. 超市设计原则

服务区中超市和餐厅一样，在动静分区中都属于“动”的部分。设计时考虑便利顾客、服务大众；突出特色，善于经营；提高效率，增长效益。在综合楼的设计中可将超市与餐厅靠近布置，中间可设连廊或过渡灰空间，方便司乘人员在两个功能空间之间来往、休息使用。超市设置在入口附近，满足了旅客快速购物的要求（图6-16和图6-17）。

图6-16 台湾东山服务区超市设置的休息区域（一）

图6-17 台湾东山服务区超市设置的休息区域（二）

随着经济的发展以往的柜台小卖部将会被商场、超市所替代，同时，商品的质量和种类将会有较大幅度的提高，经营的种类和经营的方式将更具有符合当地实际情况的特色，尤其以当地的特色产品、工艺品乃至文化为背景的服务为服务区经营的重点。作为服务区的主要组成部分——超市将会更加丰富（图6-16、图6-17），除了会出现一些连锁经营的超市以外，还会出现一些与餐厅结合的多功能超市，满足不同层次人们的不同需求。

3. 超市设计内容

（1）超市的外观设计

超市的外观设计主要包括店面名称、标志设计、橱窗等。

店面名称命名主要方法有按照人名、数字名、组字名、利用经营特色命名，以货品的质量、方便程度等命名。店面名称设计应该遵循要体现个性和独特性，要含有寓意，要简洁明快，要做到规范等原则。

店面标志设计。超级市场店面标志按其构成主要有三种类型：文字标志（它是由各种文字、拼音字母等单独构成）；图案标志（是指无任何文字，单独用图形构成的标志）；组合标志（是指采用各种文字、图形、拼音字母等交叉组合而成的标志）。超级市场的标志设计基本原则包括要有创新意识；含义应该深刻；保持稳定期；超级市场的标志设计应逐步国际化、统一化。

橱窗设计类型，主要有综合式橱窗、专题式橱窗、系列式橱窗、特写式橱窗、季节式橱窗。橱窗设计原则上要面向客流量大的方向；橱窗可以多采用封闭式的形式；橱窗的高度要保证成年人的眼睛能够清晰地平视到；道具的使用越隐蔽越好；灯光的使用也是越隐蔽越好；背景形状一般要求大而完整、单纯。店面标志设计。超级市场店面标志按其构成主要有三种类型：文字标志（它是由各种文字、拼音字母等单独构成）；图案标志（是指无任何文字。单独用图形构成的标志）；组合标志（是指采用各种文字、图形、拼音字母等交叉组合而成的标志）。超级市场的标志设计基本原则包括要有创新意识；含义应该深刻；保持稳定期；超级市场的标志设计应逐步国际化、统一化。

例如，日本品川区的 T 茶叶、海苔店在店前设置了一个高约 1m 的偶像，其造型与该店老板一模一样，只是进行了漫画式的夸张，它每天站在门口笑容可掬地迎来送往，一时间顾客纷至沓来，喜盈店门。

图 6-18　古坑服务区店面设计

（2）通道设计

超市通道的类型有直线式通道、斜线式通道、回型通道、自由型通道。通道设计的技巧有足够的宽度、笔直（超市通道要尽可能避免迷宫式的布局，要尽可能地设计成笔直的单向道）、平坦（通道地面应保持平坦，处于同一层面上）、少拐弯（通道中可拐弯的地方和拐的方向要少，有时需要借助于连续展开不间断的商品陈列线来调节）、通道上的照明度比超市明亮（通常通道上的照明度起码要达到500lx，超市里要比外部照明度增强5%）、没有障碍物（图6-19）。

图6-19　超市通道设计

（3）收银台的设计

收银台的设计内容有：收银不能超过5min，POS系统、条码、电子标签（采用无线射频识别技术，即RFID）、收银设备的功能要求，收银台的台面要求。

（4）卖场区域的分区设计

按照超市功能可以分为直接卖场（包括商品陈列区和卖场功能区）；间接卖场（包括办公室、仓库、厕所等）。直接卖场功能区还可以分为收银、休息、活动、通道、形象、演示区等。

按照卖场工艺流程可以分为：售货区、辅助区、仓储区、加工区。

卖场按照动静分区可以分为：静区（以冰、洗、空调、烟灶等展区为主）：动区（以彩电、音响、电磁炉等演示较多的产品为主）。

（5）超市色彩的设计。色彩可以对消费者的心情产生影响和冲击。从视觉科学上讲，彩色比黑白色更能刺激视觉神经，因而更能引起消费者的注意。超市里特别明显：暖色系统的货架，放的是食品；冷色系统的货架，放的是清洁剂；色调高雅、肃静的货架上，放的是化妆用品……这种商品的色彩倾向性，可体现在商品本身、销售包装及其广告上（图6-20）。

（6）超市照明设计。超市部分的照明度一般要求达到500lx，普通走廊、通道和仓库，照明度为100～200lx；一般超市出口、入口或主要通道的场所，更需要特别明亮；在营业场所最里面的地方，其照明亮度最少也要达到1000lx以上；店面和超市内重点陈列品、POP广告、商品广告、展示品、重点展示区、商品陈列橱柜等，照度为2000lx。其中对重点商品的局部照明，照明度最好为普遍照明度的三倍。尤其是相对空间比较大，客流量最大、利用率最高的主通道起码要达到1000lx；橱窗的最重点部分，即白天面向街面的橱窗，照度也应达5000lx（图6-21和图6-22）。

（7）气味设计。气味对增进人们的愉快心情有帮助，如蜜饯店的奶糖和硬果味；面包店的饼干、新鲜面包、巧克力味，橘子、玉米花和咖啡的气味；花店中花卉的气味，化妆品柜台的香味，零售店铺礼品部散发香气的蜡烛，皮革制品部的皮革味，烟草部的烟草味。

（8）超市的通风设施配置。为了保证店内空气清新通畅、冷暖适宜，应采用空气净化措施，加强通风系统的建设。通风来源可以分自然通风和机械通风。采用自然通风可以节约能源，保证超市内部适宜的空气，一般小型超市多采用这种通风方式。有条件的现代化大中型超市，在建造之初就普遍采取紫外线灯光杀菌设施和空气调节设备，用来改善超市内部的环境质量，为顾客提供舒适、清洁的购物环境。

图 6-20　服务区超市运用色彩塑造空间效果

图 6-21　服务区超市运用照明灯具塑造空间效果

图 6-22　服务区超市运用照明亮度塑造空间效果

（9）超市补给线设计。超市补给线的选择要求卖场与后场距离最短，提高补货便利性；大件或较重产品距离补给线较近，提高便利性。补给线的设计考虑单行线设计（避免过多交叉以提高流动性）、补给线的宽度（考虑产品的最大包装）、货车的宽度、补给线的水平面与前、后场的水平面一致、前场与后场的衔接处设立间隔。

4. 储存区域形式

（1）凸凹型设置。所谓凸凹型设置是指超市选择凸型布局，而储存加工区选择凹型布局。

（2）并列型设置。所谓并列型设置（也称前后型）是指超市在前而储存加工区与超市并列在后的布局。

（3）上下型设置。所谓上下型设置是指超市设置于地上一层，而储存加工区设置于地下，通过传送带将商品由地下转移到地上。

5. 超市陈列设计

货架陈列的基本原则。

（1）抬眼可见（货位布置图、商品指示牌）；（2）伸手可取；（3）先进先出；（4）同类陈列。

超市陈列的基本方法。

（1）集中陈列法，把同一种商品集中陈列于超市的同一个地方，最适合周转较快的商品陈列；

（2）不规则陈列法，陈列货架每层隔板能自由调节货架上陈列的商品；

（3）整齐陈列法，将单个商品整齐的堆积起来的方法；

（4）随机陈列法，将商品在确定的货架上随机堆放，适合“特价商品”、不易变形损伤的商品、陈列作业时间很少的商品；

（5）端头陈列法，商品陈列在中央陈列架的两头；

（6）岛式陈列法，在进口处、中部或者底部不设置中央陈列架，而配置特殊陈列用的展台，用具一般有冰柜、平台或大型的货柜和网状货筐；

（7）窄缝陈列法，中央陈列架上撤去几层隔板，留下底部形成窄长的空间进行陈列商品，打破中央陈列架定位陈列的单调感，吸引顾客的注意力，适合介绍给顾客的新商品或利润高的商品的陈列；

（8）突出陈列法，将商品放在篮子、车子、箱子、存货筐或突出延伸板，超过通常的陈列线，面向通道突出的方法。

### 6.8.4 客房和免费休息厅室内空间设计

客房和休息厅位置选择在距离车辆、人员嘈杂较远之处，避免车流与人流的交叉，使得人们休息的场所更为安全，并造成一种幽静的气氛。

1. 客房和免费休息厅规模确定

（1）客房规模确定

服务区综合楼的住宿功能用房应集中布置在南向的单体中，高速公路另一侧综合楼单体中的相应位置可布置非住宿功能用房，这样可节约服务区所需住宿功能用房的能源消耗。

客房住宿这一功能不是每个服务区都必备的，高速公路尚未连接成网，司乘人员住宿多依靠社会解决，住宿人数与车流量并没有密切关系，主要与气候相关。设置客房的必要性在于使车辆从容出入高速公路，从发展的角度，高速公路住宿人数与车流量应该呈线性关系。目前，我国服务区内的住宿床位一般设计数量都不多，有的是十几张床位，最多的也只有百十张，房间布置大多数是不带卫生间的几人间，共用一个盥洗室和大的厕所。随着人们生活水平的提高，节假日驾车出行的人越来越多，对于这部分人来说，要求的档次和规模都要高一些，通常要 2～3 人的标准客房，内部设施要求有电视机、单独的卫浴设施。由于其特定的功能，在旅馆与休息室的布置上，应考虑舒适、雅致、安静、卫生。

服务区职工宿舍是否需要以及其规模如何，要根据服务区的经营方式等因素来定。一个服务区工作人员约 100 人，如果都启用正式工，则宿舍需要大些，但现在一般服务区仅管理人员为正式工，人数不多，尤其是如采取承包经营方式，管理人员就会更少，其余都是当地的临时工。这种情况下，宿舍的规模可以小得多，从便于上下班方面考虑，应该说服务区最好设置临时职工宿舍。

关于客房和职工宿舍的规模，以日均流量 25000 辆、客房与职工宿舍建筑面积 $1000m^2$ 为基准，日均流量每增加 1000 辆，建筑面积相应增加 $100m^2$。原则上客房按 1/3 标准间，2/3 普通间分配。对于日均流量 25000 辆的基准规模，设客房 15 间，其中标准间 5 个，普通间 10 个；设 15 间职工宿舍，因宿舍在使用上弹性较大，每间可安排 1～8 人。

对于既靠近大城市又毗邻风景区的服务区，按能组织中大型会议的标准设置中高档宾馆一处，其中标准间设 20 个，普通间 50～60 个。另一侧服务区设简易客房或不设。

（2）免费休息所规模

免费休息所主要供司机中途休息，利用免费休息所的绝大部分是小型车和大货车司机，其人数约占停车人数的 40%，休息时间一般为 10min，每小时周转率为 6 次。在结构布置上，为便于司机休息、购物，免费休息所宜与超市合并设置。

2. 客房层平面类型

客房层平面类型可以分为直线形平面、曲线形平面和直线与曲线复合平面。直线形平面有“一”字形平面（走廊一侧布置客房、走廊两侧布置客房、复廊式“一”字形平面）；折线形平面（直角相交的 L 形、钝角相交和多折形）；交叉形平面（丁字形和十字形平面、Y 形、三叉形）；并列形平面；塔式正几何形平面（方形、三角形、多边形）；围合形平面；直线组合形平面。曲线形平面有圆弧形、S 形平面、圆形、椭圆形、曲线交叉形和曲线三角形、曲线组合形。直线与曲线复合平面包括直线型平面的局部曲线化、直线与曲线相接的组合平面。

3. 客房的设计原则

旅馆的服务对象是旅客，虽来自四面八方，有不同的要求和目的，但作为外出旅游的共同心态，常是一致的，一般体现在以下几方面：向往新事物的心态；向往自然，调节紧张心理的心态；向往增进知识，开阔眼界的心态；怀旧感和乡情观念。

根据旅客的特殊心态，旅馆建筑室内设计应特别强调下列几点：

（1）充分反映当地自然和人文特色；

（2）重视民族风格、乡土文化的表现。在反映民族特色、地方风格、乡土情调、结合现代化设施等方面，予以精心考虑，使人在旅游期间，在满足舒适生活要求外，了解异国他乡民族风格，扩大视野，增长新鲜知识，丰富生活、调剂生活，赋予旅游活动游憩性、知识性、健身性等内涵。

（3）创造返璞归真、回归自然的环境；

（4）建立充满人情味以及思古之幽情的情调；

（5）创建能留下深刻记忆的难忘的建筑品格。

（6）室内装修也因条件不同而各异。通过装饰档次来提高其级别，通过优美的环境和独特的装修手法，使旅客对旅店的生活和观感，能留下良好的印象和深刻记忆，激起日后再来的愿望。

4. 客房室内设计要点

（1）客房类型配置：单床间、双人床间、双床间、两个双人床的客房、三床间和多床间、可连通的单间标准房和可变动双套间、套间、残疾人用客房。

（2）客房功能分区构成：睡眠空间（床、床头柜、床头灯）、书写及梳妆空间（写字台、镜子、电视机、冰箱）、起居空间（沙发、座椅）、贮藏空间（衣橱、酒柜）、盥洗空间（三缸、五缸）、走廊及门廊区、工作区、娱乐休闲区、会客区、其他设备。

（3）客房的装饰布置的美学原则：对称与均衡、比例与尺度、节奏与韵律、对比与调和、主导与层次、点缀与衬托。

（4）客房的室内装饰应以在淡雅宁静中而不乏华丽性的装饰为原则，给予旅客一个温馨、安静又比家庭更为华丽的舒适环境。装饰不宜繁琐，陈设也不宜过多，主要应着力于家具款式和织物的选择。家具款式包括床、组合柜、桌椅，应采用一种款式，形成统一风格，并与织物取得协调。客房中织物除地毯外，如窗帘、床罩、沙发面料、椅套、台布，可包括以织物装饰的墙面，在同一房间内织物的品种、花色不宜过多，但由于用途不同，选质也异，如沙发面料应较粗、耐磨，而窗帘宜较柔软，或有多层布置，可以选择在视觉上对色彩花纹图案较为统一协调的材料。此外，对不同客房可采取色彩互换的办法，达到客房在统一中有变化的丰富效果。

(5) 客房的地面一般用地毯或嵌木地板。墙面、顶棚应选耐火、耐洗的墙纸或涂料。客房卫生间的地面、墙面常用大理石或塑贴面，地面应采取防滑措施。顶棚常用防潮的防火板吊顶。

(6) 客房空间的构图采用围隔、渗透、抑扬、延伸等方式。

(7) 客房应有良好的通风、采光和隔声措施，以及良好的景观（如观海、观市容等），或面向庭院。避免面向烟囱、冷却塔、杂务院等，以及考虑良好的风向，避免烟尘进入。

5. 大堂室内设计

旅店大堂是前厅部的主要厅室，常和门厅直接联系或和门厅合二为一。大堂内部功能主要有：

(1) 总服务台，一般设在入口附近，在大堂较明显的地方，使旅客进入厅就能看到，总台的主要设备有：房间状况标志盘、留言及钥匙存放架、保险箱、资料架等（图 6-23）。

图 6-23　台湾东山服务区旅店大堂的总服务台提供各项免费服务，有急救箱、轮椅出借、零钱兑换、广播服务、失物招领以及传真、影印等。

(2) 大堂副经理办公桌，布置于大堂一角，以处理前厅业务。

(3) 休息座，作为旅客进店、结账、接待休息之用，常选择方便登记、不受干扰、有良好的环境之处。

(4) 有关旅店的业务内容、位置停放标牌，宣传资料介绍的设施。

(5) 供应酒水小卖部，有时和休息座区结合布置。

(6) 钢琴或有关的娱乐设施。

图 6-24 和图 6-25 为旅店大堂提供的休憩大厅和婴儿推车、轮椅设备。

### 6.8.5　便利设施部分

在适当位置多设置公用电话，其中一部分电话的高度低一些，以方便残疾人和儿童使用。

适当考虑邮筒、银行自动取款机、按照时间收费的休息室和过夜的旅馆，甚至可以考虑温泉浴池和投币式淋浴装置。

休息厅要有文化品位，供旅客短暂停留。

在环境使用者当中婴幼儿、老人和身心障碍者一样，经常被设计者忽略。对

图 6-24　台湾东山服务区旅客休憩大厅，设有便利超市、热熟食、冷热餐饮、特产及百货等多样服务

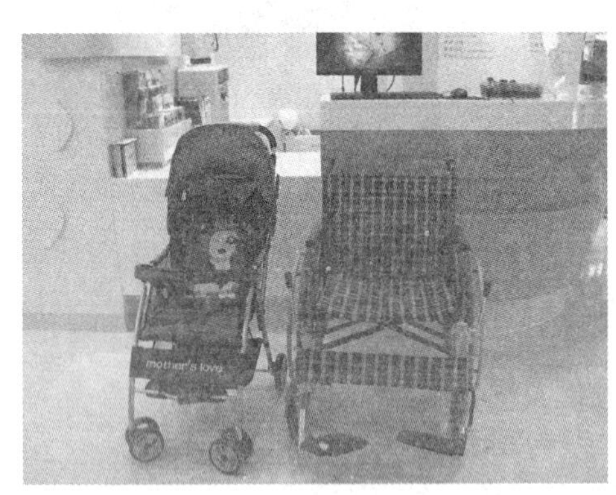

图 6-25　服务区提供轮椅、婴儿推车等出借服务

有幼儿的父母亲而言，出门在外最困扰的莫过于找不到适当的场所哺乳和换尿布。因此，服务区除了提供一般道路使用者需要的服务之外，还提供一些便利设施，服务于携带婴幼儿出门的父母。

1）婴幼儿设施：

举例说明，服务中心设有哺乳室，厕所间也设有尿布更换台，厕所间内的儿童安全座椅可解决父母的困扰，如图 6-26 和图 6-27 所示。

2）儿童洗手台

人类由相互尊重而产生友爱，相互尊重的人格的养成应该从小开始。儿童洗

图 6-26　古坑服务区内婴幼儿设施哺乳椅及留言板

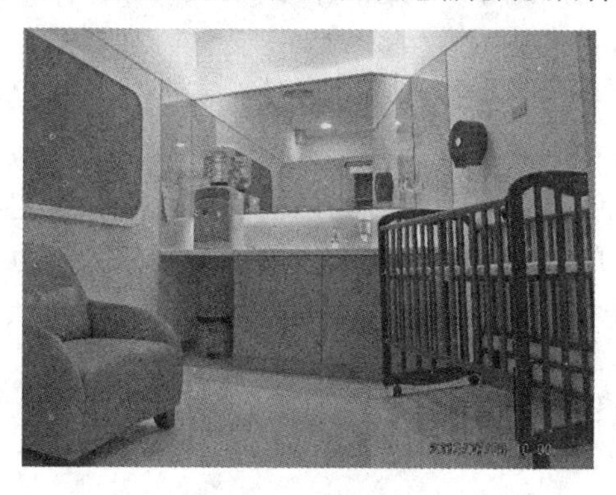

图 6-27　服务台内哺乳室，温馨舒适

手台的设计只是还给小朋友应有的权益而已。

### 6.8.6　医疗服务部分

由于高速公路是全封闭的，所以发生事故后，常得不到及时的抢救延误了伤情，所以在远离城市的区段应设急救站和医务室。服务区内急救站的设置，应确保在事故发生后，能迅速地赶到现场给伤员以及时有效的处理。急救室的面积一般为 $40m^2$。目前，我国已建成的高速公路服务区大部分都没有设置医务室和急救站，有待完善。

# 第 7 章　服务区照明设计

## 7.1　服务区照明理念

夜景照明就是运用灯光来表现具有艺术美学特征的建筑，创造舒适的环境、迷人的景色，使环境更加幽雅和明晰，使到场区内进行休整的司乘人员的各类夜间活动更加便捷，防止事故的发生。

对服务区进行符合美学规律的照明设计，不仅要关心服务区本身，同时还要关心服务区对周围环境的影响，关心服务区的地标意义，即要关心生态环境等。

服务区夜景是照明科学与服务区场区内空间环境要素艺术的有机结合，服务区夜景拓展了服务区的景观表达，全天候展示了服务区魅力，是服务区空间与时间的延伸。服务区视觉高潮处像加油站、旅馆等场区建筑、跨线桥等可形成亮点。这种点、线结合的夜景观格局更能体现服务区个性与本质美，服务区场区的照明设计不是整体体通亮，而是光照应均匀配置。

## 7.2　服务区照明基本原理

1. 照明设计分类

服务区照明光源来自自然采光（天然采光）和人工照明两个方面。自然采光主要是指日光与天空漫射光，是将自然光引进室内的采光方式，自然光线具有亮度、光谱等特性，并且与自然景色相连。建筑顶部的天然光能使视觉产生延伸感，纱窗、百叶窗、玻璃窗、磨砂或有彩色镶嵌的花玻璃等具有溜光作用，使天然采光富于变化，从而丰富室内的视觉氛围。

人工照明包括各种电源灯照明，是通过各种灯具照亮室内空间，有强光、弱光、冷色光、暖色光、可调节照度和光色的照明等。人工光源（电源光）主要包括白炽灯与荧光灯两大类，其他电源灯的使用相对较少。人工照明除了满足亮度外，对环境气氛的营造有着丰富的艺术效果。

照明还可以被分为明视照明、饰景照明。

2. 空间照明方式

（1）从明亮度可以分为一般照明、局部照明和混合照明。

（2）空间照明从光射角度分为直接照明、半直接照明、漫射照明、半间接照明、间接照明。直接照明能创造小环境的亲切感并加强重点效果；间接照明常用于强调特征和柔和感，为了增加光源的层次感和舒适性，可安装调节器；散光照明能带来满堂明亮。空间可采用多种类型的照明方法，空间的照明设计除了满足基本照度外，更重要的是创造出良好的光照环境和独特的艺术氛围。因此，不论是灯的装饰效果和光源的选择都应该与空间风格和主次轻重相一致。照明首先要满足亮度的需要，再者，是考虑其艺术效果。

3. 服务区照明灯具的种类

灯具按照悬挂位置分：

① 天花装饰类灯具（顶面类灯有吸顶灯、吊灯、镶嵌灯、扫描灯、凹隐灯、柔光灯及发光天花板等）；

② 墙体装饰类灯具（墙面类灯具有壁灯、窗灯、檐灯、穹灯等）；

③ 局部的强化灯具；

④ 便携式灯具（便携式灯具是指没有被固定地安置在某一地点，可以根据需要调整位置的灯。如：落地灯与台灯等）。

按照灯具分布分为点状、块状、条状、外露明装、嵌入暗装。

按照灯饰的造型分为球形、方形、单灯与组灯形式。

按照灯具风格分为：

① 古典西式灯具（古典西式灯具的造型受电源灯产生前的人工照明影响，与 18 世纪的欧洲非电源灯的造型非常相似）；

② 传统中式灯具（传统中式灯具受中国民间和宫廷的油灯、烛灯影响，具有代表性的特点为灯笼与多角形木结构灯具）；

③ 日式传统灯具（日式传统灯具的特点是以纸和木制作较多，光色柔和，注重气氛）；

按照灯具所在位置分为：

室内灯具：有吊灯、壁灯、聚光灯、轨道灯等。

室外灯具：有路灯、庭院灯、草坪灯、射灯、水景灯、霓虹灯等。

室外灯具用于建筑物泛光照明、道路照明、广场照明、绿地照明等。室外灯具基本都安装在室外，甚至在水中。室外灯具照明方式有投光照明、建筑物内透光照明、探照式照明、霓虹灯式照明等。室外灯具室外照明种类有建筑物的立面照明、装饰照明、庭园照明、广场照明、道路照明、体育设施照明等。室外照明灯具按空间环境特点分为：高杆灯、中杆灯、庭院灯、门灯、水池灯、路灯等。

4. 服务区室外空间照明设计原则

（1）增强导向，方便获取服务

服务区是人流、车辆集散的场所，不同的功能区域都有特定的照明要求。在人流集散的区域，可使用显色性较好的光源，在车辆通行的道路、停车场采用效率高的光源，两者均需注意达到足够的光源，突出关键服务区设施的标志性、导向性，使得司乘人员能够在最短的时间内获取服务。

（2）突出重点，加强展示

服务区夜景照明可灵活采用多元化方案，强调建筑的特性和重要区域，刻意营造服务区的夜间氛围。通过充分解剖被照对象的功能、特征、风格，加强建筑及环境对视觉感知的展示。比如停车场就是一个重点设计的部位，应根据场地的性质、夜间人流车流集散情况、地面铺装类型、绿化等设施布置情况等分析其照明的类型与分布，并考虑各种光元素对夜间氛围的影响，使得观察者在相对于场区的任何位置，都能获得良好的光色照明和心理感觉，并随着观察者视点的移动产生不断变幻的空间印象。

（3）尊重自然，增添环境生气

服务区中园地夜景照明的设计是服务区空间环境设计的有机组成部分。庭院照明通过灯光亮度和颜色变化，展示夜幕中的鲜艳灿烂，剪辑树木的风姿华影，从而联系了建筑与服务区、服务区与自然、自然与人，使司乘人员从心里感觉到温馨。

对于水体，可在它的周围进行照明，灯光反映在水面上形成倒影，显现出照明艺术。还有局部照明，比如对于喷泉，在夜晚由灯光照射着飞溅的水花，有时采用单光，显现出水花纯净；有时采用色光，显现出水花绚丽多彩。

无论采用何种照明方式都需要注意以下三点：对场地性质的把握，对动态的人流、车流活动和静态的地面铺张与绿化，建筑和所有被照物体的研究，以及对周围景观的协调考虑。这都是场地照明设计的关键所在。

（4）节能照明

全服务区照明和景观灯采用了气体放电灯智能节能控制装置。基本原理为：采用220V电压先开启灯具，升温放电后，将电压降至180V，此间灯具的发光效率不变，根据灯的功率 = 电流 × 电压的公式可知，达到节能的目的。该控制装置还具有照明系统软启动功能，减少照明系统启动和关闭时对灯具和电网的冲击，减小了电网对动力设备、电子设备的干扰，可延长灯具的使用寿命和电网上动力设备及电子设备的寿命。控制装置还具有根据天气的明亮程度自动开启、关闭和调节亮度的功能。

## 7.3　服务区建筑物、构筑物外观照明

1. 建筑物外观照明

建筑是围合空间、塑造个性和营建气氛的主要载体，高大的建筑能给人以标志性和空间定位，低矮的建筑也是人视线的主要目标。这些标志性建筑的夜景对行人会起到空间位置参照物的作用。夜景设计时，要有针对性地设计夜景图式和照明亮度。

（1）整体照明

整体照明是建筑物照明的基本方式，它是将投光灯安装在建筑物外，直接照射建筑物的外表面，在夜间重塑及渲染建筑物形象的照明方式。其效果不仅能显示建筑物的全貌，而且能将建筑物大的造型、立体感、材料的颜色和质地、装饰细部等同时表现出来，这种照明也叫泛光照明。常选择卤钨灯、金卤灯、高压钠灯，采用灯具为大型投光灯具。

（2）投光照明

投光照明是最基本的照明方式，但不是唯一的方式，应注意杆的位置对白天景观的影响，对玻璃幕墙建筑特别是隐框幕墙，不要用这种方式，设计时应考虑如何减少光污染。

（3）轮廓照明

轮廓照明适用于轮廓简洁的建筑群照明，但不完全适合中国古典建筑照明，对于轮廓丰富的古典建筑或民族建筑照明，可采用轮廓照明与局部投光照明结合的方式表现，既有外面的泛光表现，又有屋顶曲线的勾勒（图7-1）。

（4）内透光照明

内透光照明是利用室内光线向外透射所形成的建筑照明效果。通常有两种途径，一种是利用室内的投光照明，在晚上不熄灯，另一种是在室内近窗处，如建筑物透空结构、阳台、柱廊、玻璃幕墙等部位设置照明设施，可使用荧光灯、白炽灯、小功率气体放电灯等（图7-2）。

（5）装饰照明

为了在节日庆典等特殊场合营造热烈、欢快的喜庆氛围，可以利用灯具装饰建筑物，加强建筑物夜间的艺术表现力。可用光纤、白炽灯、霓虹灯等光源。

（6）局部投光照明

局部投光照明是将小型的投光灯直接安装在建筑上，装饰建筑物的某个部分，一般建筑物的立面有凸凹部分，表面起伏较大，为灯具的安装提供便利的条件。将照明器安装在建筑物后面，建筑物具有体积感和纵深感。一般采用较窄光

图 7-1　霓虹灯映射下的石安高速西兆通服务区

图 7-2　瑞士某服务区餐厅内透光照明

束配光形式的灯具，功率不大，但照射效果丰富，将大功率的投光照明分解到建筑物上，既解决了眩光问题，又有利于节能（图 7-3 和图 7-4）。

图 7-3　台湾西罗服务区夜晚照明（一）

图 7-4　台湾西罗服务区夜晚照明（二）

当建筑外观的照明方式与建筑的风格存在一定联系时，才能更好地烘托建筑的美，创造别具一格的视觉效果。不管选择哪种照明方式，其目的是提高建筑物在夜间的美感，创造别具一格的视觉效果。

人们在超市门前漫步浏览时，主要观看的对象是店头、店名、橱窗，橱窗的设计要兼顾街景整体和店家的宣传需要，店头和店名徽标主要向行人介绍自己，与周围夜景相协调的同时提升自身形象品质。

一些公共设施，有的自己配置了照明，有的需要借助其他光源。这些照明一方面要满足使用上的需要，如报栏、电话亭、花卉植物等；另一方面要考虑和整个空间夜景的协调性，如照明的亮度、位置、数量、照明方式等（图 7-5）。

图 7-5　天福天目湖服务区夜景照明

2. 加油站罩棚的照明设计

《小型石油库及汽车加油站设计规范》GB 50156—92 第 3. 8. 8 条规定，加油站电气设备的规格型号应按爆炸危险场所划分确定。罩棚下的照明灯具应选防护型。也就是说罩棚下安装灯具的部位已不属爆炸危险区域，要求灯具选用防护型主要是考虑防尘防雨雾的要求，可根据加油站具体坐落地点的环境情况选用防护等级不低于 IP44 的灯具。罩棚下的灯具如采用吊管式安装时，宜安装在加油岛上方，这样不影响罩棚的有效高度。如采用在顶棚内安装（网架式罩棚），灯具可在罩棚内均布。

## 7.4　服务区场地照明

服务区场地照明设计时，要考虑道路照明、建筑泛光照明、广场照明、绿地照明的综合照明效果。

服务区场地使用的灯具按用途可分为功能性灯具和装饰性灯具。

在人行广场、人行道路、人行地道、人行天桥等场所，对眩光限制不是很严格，灯光有适度的耀眼效果反而有利于创造一种活跃的气氛，因此对灯具的配光性能可以采用兼顾功能性和装饰性两方面要求的灯具或者是装饰性灯具。

### 7.4.1　服务区路面照明

位于高速路一侧的高速路服务区道路所提供的照明一方面要满足行人通行的视看需要，另一方面，由于机动车道路照明中存在着环境比（SR）指标的要求，服务区道路的照明应与高速道路上的照明水平保持合适的比例关系，当车辆即将要进入到服务区的时候不至于看不到服务区，也不会对其他不进入服务区的车辆造成视觉上的负担。

路灯可分为两种，一类是功能性路灯，一类是装饰性路灯。功能性路灯发出的大部分光能比较均匀地照射在道路上。装饰性路灯主要安装在重要的建筑物前和一些道路两旁，灯具的造型讲究，风格要与周围环境相称。

对于有车辆通行的主干道和次要道路，需要根据安全照明要求，使用有一定亮度且均匀的连续照明，以使部分车辆及行人能准确辨别路上的情况；对于游憩小路，除需照亮路面外，还需营造出幽静、祥和的氛围，结合当地的文化背景，设计出赋予文化内涵的灯具外形。

#### 7.4.1.1　服务区道路照明评价指标和灯具的种类

道路照明是为机车驾驶员和路人提供一个良好的视觉安全可靠条件，特别是保障车辆夜间在道路上能安全、迅速地行驶，驾驶员的视觉可靠性取决于照明条件下观察路面变化的能力和舒适感，即视功能和视舒适。

确定视觉可靠性的照明评价指标见表 7-1。

**表 7-1　确定视觉可靠性的照明评价指标**

| 视觉可靠性的组成部分 | 照明评价 | | |
|---|---|---|---|
| | 亮度水平 | 亮度均匀度 | 眩光 |
| 视功能 | 路面平均亮度 $L_{av}$ | 总亮度均匀度 $U_0$ | 阈值增量 TI |
| 视舒适 | 路面平均亮度 $L_{av}$ | 纵向均匀度 $U_1$ | 眩光限制等级 GF |

利用照明设施实现视觉诱导性：

（1）利用照明系统本身的改变实现诱导性。

（2）利用光颜色变化实现诱导性。

（3）利用灯具的式样和安装高度不同实现诱导性。

（4）照明布局。

灯具的配光类型、布置方式及灯具的安装高度、间距的关系见表 7-2。

**表 7-2　灯具的配光类型、布置方式与灯具的安装高度、间距的关系**

| 配光类型 | 截光型 | | 半截光型 | | 非截光型 | |
|---|---|---|---|---|---|---|
| 布置方式 | 安装高度 $H$（m） | 间距 $S$（m） | 安装高度 $H$（m） | 间距 $S$（m） | 安装高度 $H$（m） | 间距 $S$（m） |
| 单侧布置 | $H \leqslant W_{eff}$ | $S \leqslant 3H$ | $H \geqslant 1.2W_{eff}$ | $S \leqslant 3.5H$ | $H \geqslant 1.4W_{eff}$ | $S \leqslant 4H$ |
| 双侧交错布置 | $H \geqslant 0.7W_{eff}$ | $S \leqslant 3H$ | $H \geqslant 0.8W_{eff}$ | $S \leqslant 3.5H$ | $H \geqslant 0.9W_{eff}$ | $S \leqslant 4H$ |
| 双侧对称布置 | $H \geqslant 0.7W_{eff}$ | $S \leqslant 3H$ | $H \geqslant 0.6W_{eff}$ | $S \leqslant 3.5H$ | $H \geqslant 0.7W_{eff}$ | $S \leqslant 4H$ |

注：$W_{eff}$为路面有效宽度（m）。

道路照明灯具有三种类型：常规灯具、投光灯具、链式灯具。

**7.4.1.2**　服务区道路灯具选择要点

（1）为了定性满足不同级别道路对眩光限制的不同要求，机动车道照明应采用符合下列规定的功能性灯具：主路必须采用截光型或半截光型灯具；次路应采用半截光型灯具。

（2）采用高杆照明时，应根据场所的特点，选择具有合适功率和光分布的泛光灯或截光型灯具。这是为了在满足照射范围内的平均照度和均匀度的前提下，控制高杆灯的照射范围和限制眩光。

（3）提高灯具的维护系数，减少维护工作量，节约电能。采用密闭式道路照明灯具时，光源的防护等级不应低于 IP54。环境污染严重、维护困难的道路和场所，光源的防护等级不应低于 IP65。灯具电气的防护等级不应低于 IP43。

（4）空气中酸碱等腐蚀性气体含量高的地区或场所宜采用耐腐蚀性能好的灯具。通行机动车的大型桥梁等易发生强烈振动的场所，采用防振型灯具。

（5）高强度气体放电灯宜配用节能型电感镇流器，功率较小（1500W 以下）

的光源可配用电子镇流器。

（6）高强度气体放电灯的触发器、镇流器与光源的安装距离应符合产品的要求。

**7.4.1.3** 道路照明的布灯方式

常规照明方式是在灯杆上安装 1 ~ 2 盏路灯，灯杆高度通常为 12 ~ 15m。当高度在 15 ~ 20m 称为半高杆照明，大于或等于 20m 称为高杆照明。

1. 常规照明方式

常规照明方式指照明灯具安装在高度为 15m 以下的灯杆顶端，并沿道路布置灯杆（图 7-6）。可以在需要照明的场所任意设置灯杆，而且照明灯具可以根据道路线型变化而配置。由于每个照明灯具都能有效地照亮道路，所以不仅可以减少灯的光通量，减小灯泡功率，降低成本，而且能在弯道上得到良好的诱导性。因此，可以应用于道路本身、立体交叉点、停车场、桥梁等处。

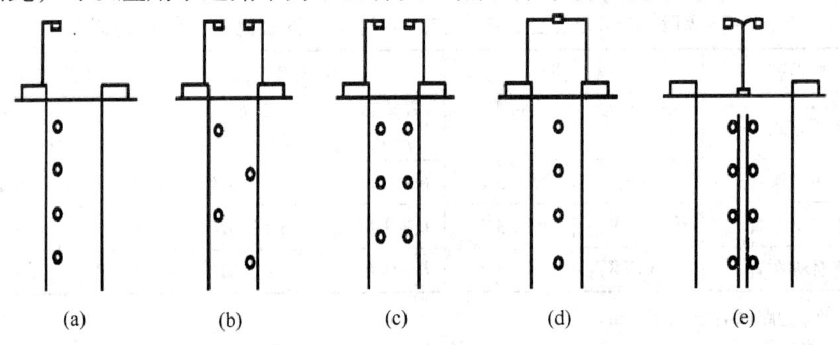


图 7-6　常规照明布灯方式

（a）单侧布置（b）双侧交错布置（c）双向对称布置

（d）横向悬索布置（e）中心对称布置

要使路面亮度分布均匀，经济合理，很大程度上取决于灯具的合理配置。对不同宽度的道路，可采用不同排列方式的灯具组合，从而形成不同的配置方式。表 7-3 列出了推荐使用的配置情况。

**表 7-3　道路照明灯具推荐布置方式**

| 配置方式名称 | 图例 | 行车道的最大宽度（m） |
|---|---|---|
| 单侧排列 | | 12 |
| 在钢索上沿行车道的中心轴成一列布置 | | 18 |
| 双侧交错排列 | | 24 |

续表

| 配置方式名称 | 图例 | 行车道的最大宽度（m） |
|---|---|---|
| 双侧对称排列 | | 48 |
| 中心对称配置 | | 24 |
| 中心对称 + 交错 | | 48 |
| 中心对称 + 双侧对称 | | 90 |
| 两列在钢索上，布灯沿车道方向轴交错布置 | | 36 |
| 两列钢索上，布灯沿车道方向轴矩形布置 | | 60 |
| 双侧对称布置，第三列在钢索上布置 | | 80 |

2. 高杆照明方式

高杆照明就是在 15 ~ 40m 的高秆上装多个有大功率光源的照明灯具，以少数高杆进行大面积照明的方式。这种照明方式适用于复杂的立体交叉点、会合点、停车场、高速公路的休息场、广场等大面积照明的场所。

高杆照明方式的优点：

① 照明范围广阔，光通利用率高；②使用高效率、大功率光源，经济性好；③由于杆塔很高，下面亮度均匀度高；④用于道路交叉或立体交叉点时，车辆驾驶人员很容易从远处看到高杆照明，便于预知前方情况；⑤高杆一般在车道以外安装，易于维修、清扫和换灯，不影响交通秩序；⑥可以兼顾附近建筑物、树木、广场等的照明，以改善环境照明条件，并可兼作景物照明。

高杆照明方式视觉要点：

① 按不同条件选择平面对称、径向对称和非对称三种灯具配置方式（图 7-7）。

平面对称布置在宽阔道路及大面积场地周边的高杆灯；径向对称布置在场地内部或车道布局紧凑的立体交叉的高杆灯；非对称布置在多层大型立体交叉或车道布局分散的立体交叉的高杆灯。无论采取何种灯具配置方式，灯杆间距与灯杆高度之比均应根据灯具的光度参数通过计算确定，以达到既保证照明效果，又经济合理、节约能源的目的。

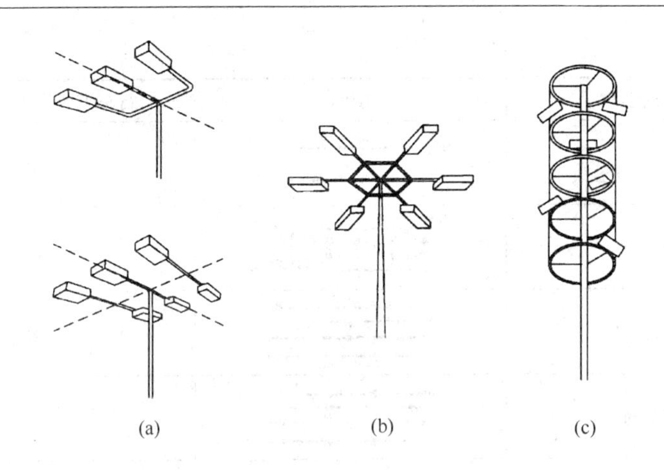


图 7-7　高杆灯灯具配置方式

（a）平面对称；（b）径向对称；（c）非对称

② 高杆灯安装位置的选择非常重要，如果选择的不合适会造成维修时影响正常交通；可能会发生汽车撞杆事故以及不利于限制眩光等问题。

③ 灯具的最大光强投射方向和垂线夹角不宜超过 65°，确保眩光限制在规定的范围之内。

④ 高杆照明不是艺术照明而是功能性很强的一种照明方式。

设计时首先要考虑功能，在满足功能要求的前提下尽量做到美观，绝不能一味追求美观而牺牲功能。其次是不同的照明场所和环境对美观的要求应有所不同。

3. 悬链照明方式

悬链又称悬挂线或吊架线。在挡距较大的杆柱上张挂钢索作为吊线，吊线上装置多个照明灯具的照明方式称为悬链式照明。

① 照明灯具的排列间隔比较密，还可以装置成使配光沿着道路横向扩展的方式，因而可以得到比较高的照度和较好的均匀度。

② 由于照明灯具配光扩展方向沿道路横向发射，因此可以把灯具配光接近水平方向的光强加大，而眩光却很少，以形成一个舒适的光照环境。此种配光在雨天路面潮湿的情况下更具有优越性。

③ 照明灯具布置较密，有良好的诱导性。

④ 照明灯具的光束沿着道路轴向直线分布。路面的干湿度不同时，亮度变化少，即晴天和雨天均有良好的照明效果。

⑤ 杆柱数量减少，事故率很低。

4. 道路及其相连的特殊场所照明设计

（1）平面交叉路口的形式有十字交叉、T 形交叉、环形交叉等方式。

① 平面交叉路口的照明水平应符合交会区照明标准值的规定，且交叉路口外5m范围内的平均照度不宜小于交叉路口平均照度的1/2。可以突出交叉路口，使驾驶员在停车视距之外就可以清晰看见交叉路口，引起驾驶员的注意。

② 交叉路口可采用与相连道路不同色表的光源、不同外形的灯具、不同的安装高度或不同的灯具布置方式，提供良好的诱导性。

③ 十字交叉路口的灯具可根据道路的具体情况，分别采用单侧布置、交错布置或对称布置等方式。大型交叉路口为了达到路口中心区的亮度（照度）标准，可另行安装附加灯杆和灯具，并应限制眩光。当有较大的交通岛时，可在岛上设灯，也可采用高杆照明。

④ T形交叉路口在道路尽端设灯，如图7-8所示。不但可以有效地照亮交叉区域，而且也有利于驾驶员识别道路的尽端，以免误认为道路继续向前延伸，从而减少发生交通事故的几率。

⑤ 环形交叉路口的照明应充分显现环岛、交通岛和路缘石。当采用常规照明方式时，宜将灯具设在环形道路的外侧（图7-9）。通向每条道路的出入口的照明应符合交会区照明标准值的要求。当环岛的直径较大时，可在环岛上设置高杆灯，并应按车行道亮度高于环岛亮度的原则选配灯具和确定灯杆位置。

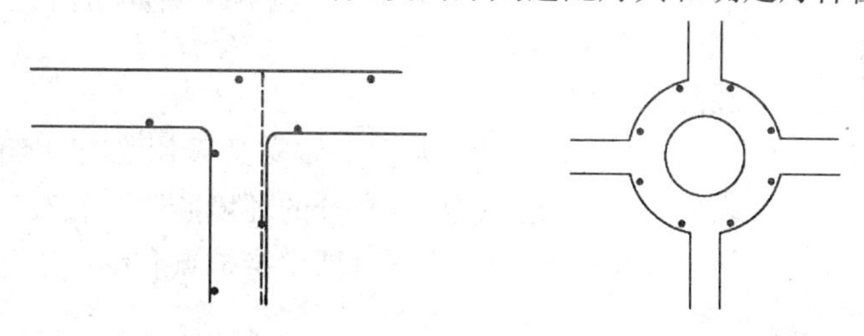

图7-8　T形交叉路口灯具设置　　图7-9　环形交叉路口灯具设置

（2）曲线路段的照明。

半径在1000m及以上的曲线路段，其照明可按照直线路段处理。

在1000m以下的曲线路段，灯具应沿曲线外侧布置，并应减小灯具的间距，间距宜为直线路段灯具间距的50%～70%（图7-10），半径越小间距也应越小。悬挑的长度也应相应缩短。在反向曲线路段上，宜固定在一侧设置灯具，产生视线障碍时可在曲线外侧增设附加灯具（图7-11）。

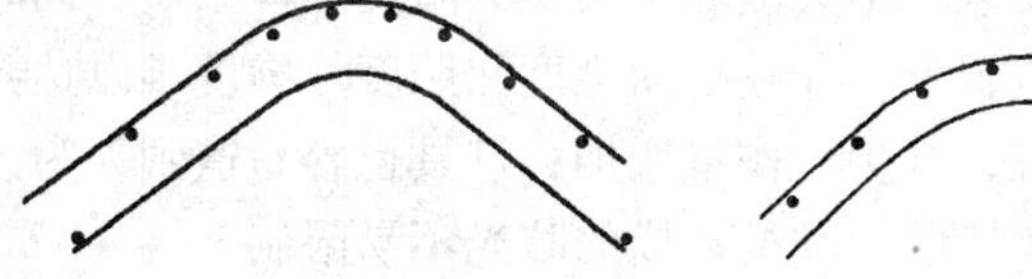

图7-10　曲线路段上的灯具设置　　图7-11　反向曲线路段上的灯具设置

灯具沿曲线外侧布置优于沿内侧布置：

① 灯具对提高道路表面亮度的贡献更大。

② 灯具能更好地标示道路的走向，即诱导性好。

③ 当曲线路段的路面较宽需采取双侧布置灯具时，宜采用对称布置。不宜采用交错布置，因采用交错布置有可能失去诱导，导致交通事故。

④ 转弯处的灯具不得安装在直线路段灯具的延长线上（图 7-12），以免驾驶员误认为是道路向前延伸而导致事故。

⑤ 在道路的急转弯处，由于视距短，一旦出现紧急情况，驾驶员没有从容的反应时间，因此需提高对照明的要求，让道路的形式及环境状况（如路缘石、护栏等）清楚地显示出来（图 7-12）。

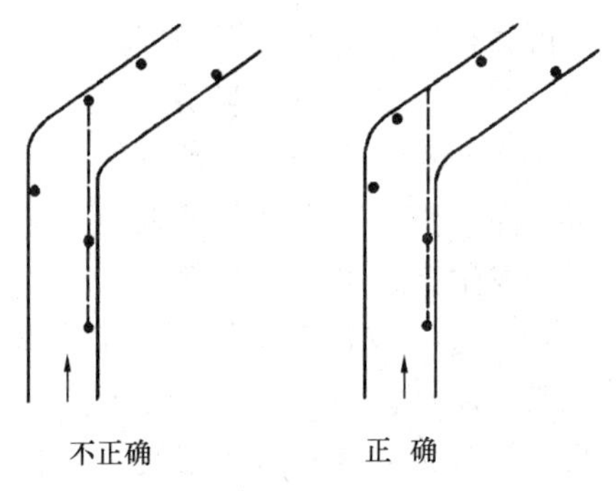


图 7-12　转弯处的灯具设置

（3）立体交叉的照明

① 由于立交的车道多，车道的转弯、起伏及穿叉很复杂，所以当立体交叉采用常规照明时，不宜设置太多的光源和灯具，要尽量减少发光点，以避免发光点太多引起驾驶员的视觉混乱，于诱导不利。

② 小型立体交叉可采用常规照明。大型立体交叉采用高杆照明可以避免灯杆林立的现象，还可以使整个立交区域获得充分的环境照明，有利于提高驾驶员的视觉功效，降低撞杆事故发生几率，还可以减少维护点和维护工作量等。

**7.4.2　桥梁的照明**

① 较窄的桥面使得桥梁栏杆可能位于与其相连的道路内，所以需要提供足够的栏杆立面照明或在入口处直接安装灯具以引起驾驶员的注意。

② 大型桥梁和具有艺术价值的中小型桥梁的照明应进行专门设计，应满足功能要求，并应与桥梁的风格相协调。

③ 桥梁照明产生眩光的可能性大，所造成的危害也严重，所以桥梁照明限制眩光十分重要。

④ 将灯具直接安装在栏杆上，这种方式不会给在桥下道路上行驶的驾驶员造成眩光；克服了灯杆林立现象；不会破坏桥梁及其附近环境景观，同时具有良好的诱导性。但是灯具安装位置低，导致桥面亮度和照度均匀度难以达到标准要求，并且容易受到污染而变脏，维护工作量增加；灯具也容易遭到人为破坏；一次性投资大；对在桥上行驶车辆的驾驶员造成的眩光不易限制。

### 7.4.3 人行地道的照明

① 天然光充足的短直线人行地道，可只设夜间照明。

② 附近不设路灯的地道出入口，应设照明装置。

③ 地道内的平均水平照度，夜间宜为 30lx，白天宜为 100lx；最小水平照度，夜间宜为 15lx，白天宜为 50lx，并应提供适当的垂直照度。

### 7.4.4 人行天桥的照明

① 跨越有照明设施道路的人行天桥可不另设照明，紧邻天桥两侧的常规照明的灯杆高度、安装位置以及光源灯具的配置，宜根据桥面照明的需要作相应调整。当桥面照度小于 2lx、阶梯照度小于 5lx 时，宜专门设置人行天桥照明。

② 专门设置照明的人行天桥桥面的平均水平照度不应低于 5lx，阶梯照度宜适当提高，且阶梯踏板的水平照度与踢板的垂直照度的比值不应小于 2∶1。

③ 应防止照明设施给行人和机动车驾驶员造成眩光。

### 7.4.5 高速服务区广场照明

服务区的商业部分包括餐饮、住宿、购物等，此类部分不能通行车辆，这部分只需要考虑一般的视觉需要即可。行人在商业部分的活动内容主要有在街上漫步行走、在街边座椅上休息、在建筑前观赏建筑景观、在店前观看或浏览店面及橱窗、广告板或阅报栏前的观看阅读、使用公共设施（如电话亭等）、观赏高速路周边夜景、观看或参加街上的娱乐游戏活动等。广场中下沉广场或升起式广场周边的台阶照明是应予重点关注的对象，应提供不低于 5lx 的水平照度以及2∶1 的踏面和踢面的照度比。广场有多个活动区域，各类广场活动分布于不同的功能区域内，具有相对独立性，同时各区域之间又有很多小路或通道连接，在实现上没有完全隔离开。广场各功能区域的照明应该是适合于活动内容，能将活动的细节和参与者的容貌展示出来。灯光应有聚拢视线的作用，照明的亮度、灯光模式以及营造的氛围让人感到舒适、愉悦。在广场的照明中应强调边界，明确的区域边界更利于将视线留在区域之内。广场各个区域之间的连接通道要配备适于步行者的照明，通道照明要考虑地面平均照度、导向性、适度的垂直照度或半柱面照度等指标。

相应的照明配置，使商业活动能够有效的、并且在轻松愉悦的氛围中进行。为了满足行人行走的需要，应该提供足够的地面水平照度，且人流量非常高，为了行走的方便、也为了安全的需要、同时也为了创造让人欢愉的氛围，应该提供足够的空间照明，以保证达到合适的垂直照度或半柱面照度。商业空间的灯光效果应该让人感觉到热闹，与高速路上的灯光形成对比（图 7-13）。

行人需要一种闹中取静的氛围，以期让劳累的精神和体力得到片刻的休养和恢复，一种动静相伴、张弛有度的效果营造会获得人们的喜爱。休息区的光环境

图 7-13　台湾古玩服务区夜景观

需要设计一种能将人们视线吸引过来并留住的效果，同时又是一种能让人放松、获得视觉休息的氛围。

### 7.4.6　停车场照明

停车场照明设计要保证广场内有足够的照度，既要满足车行的要求，又要满足工作人员正常开展工作的需要；要使整个广场的照度均匀，同时还要考虑广场进出口与相邻道路照度相协调；广场内设置灯杆不宜过多，以保证广场的使用功能；照明器及配套设施构造应尽量简单、耐用，易于维修。

停车场照明方式应根据广场的性质、大小、形状和周围环境等因素综合考虑确定，停车场的环境的照明要满足辨向要求和安全方面的要求，可以在停车场周边通过设置连续的灯杆形成一种阵列，起到视线屏障的作用，使停车场内外达到一种隔离的效果，降低停车场对场外环境的影响。对小型停车场，可考虑采用在四周设立中杆杆柱，进行照明。对大型停车场，通常采用高杆照明或悬索照明，选用组装大容量多光源组合照明方式或几种方式的组合，创造出舒适、明朗的广场视野环境。在停车场设置中、高杆灯照明时，一般在综合楼内控制，每台灯设时控，半夜后可关闭一半光源，达到节能效果。

停车场有很多标志，有些是发光的，有些则是需要照明才能看见的，如果是后者，则需要在设计照明时对其予以考虑，多数是通过其他照明来兼顾的，若无法做到，则应设置专门的照明。地面标线可以通过地面的照明来展示标线，为了达到看清楚的目的，需要在照明数量上给予考虑。设置照明时应该保证所有的标线都能被清楚地展示出来。停车场车位处的照明要保证地面标线、隔离带得到清楚的展现。停车就位后的车身需通过适当的照明展示出来，以方便其他车辆的出入。行人取车或是下车离开，都会有一段步行道路，此段道路应按普通人行道路考虑其照明。

### 7.4.7 服务区庭院照明

园路灯光是构成流畅的旋流曲线的主要部分，园林道路有多种类型，不同的园路对于灯光的要求也是不同的。最常用的庭院照明方式有道路照明、安全照明、泛光照明、轮廓照明、上射照明、下射照明和月光照明等。园地照明主要有园林小径灯、草坪灯等，园林小径灯竖立在庭院小径边，要与树林、建筑物相称；草坪灯设置在草坪和绿化带中，一般较矮，不超过1m。

## 7.5 服务区景观照明

1. 绿化植物照明

植物和花卉是景观照明中最富自然性和戏剧化的表现对象，其夜间照明不仅为整体空间提供功能性补充照明，本身也极有艺术性。上照光和下照光是绿化照明的两种基本方式（图7-14）。

图7-14 绿化植物照明

树是夜景的重要组成部分，无论是直接观赏，还是作为雕塑或规则式小品的背景，都有其独特的立面效果和戏剧性。照明的使用，应根据树形来确定。树木照明一般采用投光照明，也有使用串灯来勾勒轮廓的例子。树木照明一般使用最多的光源有白光、绿光、黄光等。高压汞灯照射绿叶植物效果最好，黄色植物应该选择金卤灯，红色植物应选择金卤灯照明。灯具的类型、位置、高度的应密切配合。

2. 水体照明

在所有园林照明中，水景灯光是园林夜景的重要部分，特别是水面的灯光倒影处理的好，将会使园景夜色显得更美。处理光与水之间关系时应注意：光在水中的折射效果；光在水中的散光效果；水花的光照效果；平缓水流的光照效果。

水体照明要点：

（1）灯具的位置选择：根据水体的高度、水体的类型与排列方式选择灯具的安装位置，切记避免眩光。

（2）水体类型的分析：瀑布要根据瀑布的高度、水流的缓急、水花的大小选择合适的照明方式；喷泉根据喷泉的数量、高度、喷口的间距或音乐的节奏，控制灯具的位置、色彩和间距；水池又分为动态和静态，选择水下照明要注意防止眩光，水上照明要注意池边道路和水面的明暗对比。水池灯设置在水面以下，具有良好的水密性。

（3）光源的选择：白炽灯是水体照明使用的主要光源，易于控制，还可以选择石英卤素灯12VPAR灯，体积小、输出光强较高。高大的水体使用点光源，短距离较宽的水面或水体使用泛光灯。

（4）灯具的选择：水下灯具与一般灯具不同，灯具使用的材料以铜、不锈钢或黄铜为主，灯具的本身完全密封，以防止水进入光源部分。水下灯具是依靠其周围的水来散热，必须设于水下。对于水上灯具，应尽可能接近水面，注意灯具的类型、位置、高度的配合。

3. 雕塑小品照明

雕塑照明的用光方式可以分为主光、辅光、背景光三类，雕塑的欣赏分两种情况，一是180°视角观看，二是360°视角观看。作为视野中心的雕塑需要用较强的灯光进行照明，照明设计应从雕塑的神态、造型、材质、色彩以及周围的环境出发，挖掘其艺术特质，运用灯光的艺术表现力，创造出光影适宜、立体感强、个性鲜明并有一定特色的夜景景观。

4. 广告与标识照明

户外广告与标识的照明已构成了景观的重要部分，也是人们获取信息的最直接通道。广告标识照明设计要点：版面的亮度控制，照明分布控制，光源的显色性，色彩控制，安装的位置，投光方向控制，灯具的外形与色彩霓虹灯：艳丽的色彩、动态的变化，在夜间能达到其他平面户外广告没有的效果，起到很好的广告效应。

广告光纤照明。广告光纤照明具有传光范围广、重量轻、体积小、用电省、不受电磁干扰、频带宽等优点。广告画面清晰、色彩鲜艳、图像在电脑控制下变幻无穷。光纤标识照明由于体积小、视距大、醒目等优势，从而开创了户外媒体广告的新形势。

大屏幕显示屏。利用单个发光器单元组合成大面积矩阵视频显示系统，用于广告显示，不仅画面亮度高、色彩鲜艳，而且可以显示动态的画面和文字。单个发光器种类很多，主要有发光二极管、阴极射线管、白炽灯显示屏、液晶显示屏（图7-15）。

图7-15 台湾东山服务区CMS显示看板供宣传用

隐形广告和标识。利用隐形幻彩颜料绘制的广告或标识，在自然光照射下不能显示其图案，只有在紫外线照射下，才能显示其色彩和图像。

投光照明。是将灯具安装在广告牌上方或下方进行投射照明，使用的光源有卤钨灯、荧光灯、显色性改进后的汞灯和金卤灯。

灯箱。灯箱广告和标示，特别是柔性灯箱具有独特的优势。灯箱的透光材料为胶片、磨砂玻璃、漫透射有机玻璃板、PC板等。

导光管。图案清晰、色彩鲜艳、检修方便。

## 7.6 服务区主要室内空间照明

光是体现室内一切，包括空间、色彩、质感等审美要素的必要条件。只有通过光，才能产生视觉效果。但是提供光亮，满足人的视觉功能的需要只是照明得其中一个功能，仅能提供光亮的餐厅是不能吸引顾客的。主题餐饮空间照明得加一个重要功能，与色彩在餐厅中所扮演的角色相同，便是塑造整个餐厅的气氛、强调优雅的格调、创造预期的餐厅效果。灯光照明也是改变室内气氛和情调的最简捷的方法。它可以增添空间感，削弱室内原有的缺陷。光照和光影效果还是构成主题餐饮空间环境的最为生动的美学因素。

照明应通过不同的亮度对比努力创造出引人入胜的环境气氛，避免单调的均匀照明。一味追求均匀照明，会导致被照物体没有立体感。照明与人的情感密切相关，较高照度有助于人的活动，并增强紧迫感；而较低照度容易产生轻松、沉静和浪漫的感觉，有助于放松。

### 7.6.1 建筑入口照明

(1) 入口处常用照明装置

① 一般照明常采用吸顶灯、嵌入式筒灯、槽灯，或建筑师要求的其他类型的灯具；

② 入口处应设有店徽照明灯光；

③ 入口处车道照明以引导车辆安全到达入口；

④ 入口处应留有节日照明电源，便于节日期间悬挂彩灯等。

(2) 安全舒适照明效果所采用的措施。为了达到安全舒适的照明效果，常采用如下措施：

① 采用调光设备，根据室内外亮度差别进行调节，以避免司乘人员受光线突然变化造成的不舒适感。

② 入口处的色彩很重要，宜选用色温低、色彩丰富、显色性好的光源，给人以温暖、和谐、亲切的感觉。同时，还要考虑各个入口间照明的协调、统一。

### 7.6.2 休息接待区照明

休息接待区要为司乘人员提供一个交谈及休息的场所，其照度为200lx，宜设调光，晚间通过调光达到节能的目的。一般接待厅、休息区设如下灯光：

(1) 根据装饰要求，一般都设有大型吊灯、花灯等个性化灯具；吸顶灯、吊灯或筒灯，可以与整个大厅统一布置。采用吊灯，并充分利用天然光进行顶部采光，达到节能、环保、健康的目的。当休息区的顶棚装修与大厅分隔时，则应根据装修要求单独布置；

(2) 接待大厅照度要求较高，同时大厅还要进行登记和其他阅读、书写活动，其照度值为不低于300lx，或采用调光设备；一般照明可采用嵌入式筒灯作满天星布置；

(3) 当设有花池时，常设置照射花草的灯。考虑天然光的因素，色温偏高，在5000K以上，则显得高贵典雅；采用暖色调，约3000K色温，则能突显室内的富丽堂皇；

(4) 柱子四周及墙边常设有暗槽灯，以形成将顶棚托空的效果；

(5) 室内宜设路标灯，以引导顾客要去的地方；

(6) 有时在座椅后面安装台灯或柱灯。

### 7.6.3 总服务台照明

总服务台区是汇聚客人的主要区域，入住、结账、问询、换汇等均在此完成，其照度要求较高，300lx是最低要求，以突出其显要位置，有时还要辅以局部照明。总服务台一般可选择如下照明方式：

(1) 顶棚上可用筒灯作行列布置；

（2）柜台上方设吊杆式筒灯；

（3）每个服务项目的柜台上方设有灯光标牌，如登记处、询问处、货币兑换处等标牌；

（4）服务台内设有台灯或安装在柜台上的荧光灯；

（5）在服务柜台的外侧底部常设有小型暗槽灯；

（6）采用分区照明，将总服务台区域在视觉上从大厅中分离出来。

### 7.6.4　客房部分的照明

（1）客房

三星级以上的旅馆都设有标准双床间、标准单床间、双套间、三套间，以至总统豪华套间等。客房对照明灯光的要求是控制方便，就近开、关灯，亮度可调。客房照明对灯具要求列于表 7-4 中。

**表 7-4　客房灯具要求**

| 部位 | 灯具类型 | 要求 |
| --- | --- | --- |
| 过道 | 嵌入筒灯或吸顶灯 | |
| 床头 | 台灯、壁灯、导轨灯、射灯、筒灯 | |
| 梳妆台 | 壁灯、筒灯 | 灯应安装在镜子上方并与梳妆台配套制作 |
| 写字台 | 台灯、壁灯 | |
| 会客区 | 落地灯 | 设在沙发、茶几处，由插座供电 |
| 窗帘盒灯 | 荧光灯 | 模仿自然光的效果，夜晚从远处看，起到泛光照明的作用 |
| 壁柜灯 | — | 设在壁柜内，将灯开关（微动限位开关）装设在门上，开门则灯亮，关门则灯灭，应有防火措施 |
| 地脚夜灯 | — | 安装在床头柜的下部或进口小过道墙面底部，供夜间照明 |
| 卫生间顶灯 | 吸顶灯和嵌入式筒灯 | 防水防潮灯具 |
| 卫生间 | 荧光灯或筒灯 | 安装在化妆镜的上方，三星级旅馆，显色指数要大于 80，设防水防潮灯具 |

客房灯光控制应满足方便、灵活的原则，现代旅馆客房还设有节能控制开关，控制冰箱之外的所有灯光、电器，以达到人走灯灭、安全节电的目的，控制方式如下：

① 在进门处安装一个总控开关，出门关灯，进门开灯。优点是系统简单，造价低，但是要靠顾客操作。进门小过道顶灯采用双控，分别安装在进门侧和床头柜上。

② 卫生间灯的开关安装在卫生间的门外墙上。

③ 床头灯的调光开关及地脚夜灯开关安装在床头柜上。

④ 梳妆台灯开关可安装在梳妆台上。

⑤ 落地灯使用自带的开关和在床头柜上双控。

⑥ 窗帘盒灯在窗帘附近墙上设开关，也可在床头柜上双控。

⑦ 与门钥匙联动方式，即开门进房后需将钥匙牌插入或挂到门口的钥匙盒内或挂钩上，带动微动开关接通房间电源。人走时取出钥匙牌，微动开关动作，经 10 ~ 30s 延时使电源断开。这种称为继电器式节能开关的优点是控制容量大，客人通过取钥匙就自动断电。

⑧ 直接式节能钥匙开关，是通过钥匙牌上的插塞直接动作插孔内的开关，通断电源，亦有 30s 的延时功能，但控制功率较小。

⑨ 智能总线控制，通过移动传感器，探测到有人时接通电源，灯亮。当没有人在房间里，延时关断电源。

（2）走廊

走廊照明设计应考虑有无采光窗、走廊长度、高度及拐弯情况等，有些大型旅馆走廊多处弯折并无采光窗，全天亮灯，因而走廊照明不仅应满足照度要求，而且要有较高的可靠性及控制的灵活性。其照明方式常见有以下几种：

① 普通盒式荧光灯吸顶安装，优点是成本低、光效高、安装维修方便，用于低档旅馆。

② 嵌入式荧光灯，用铝合金反光器，效率较高，但成本有所提高，用于中低档旅馆。

③ 吸顶灯，各种档次的旅馆都可采用。

④ 嵌入式筒灯，内装低色温紧凑型荧光灯或其他低色温光源，有反射器，灯具效率较高，用于中高档星级旅馆。

⑤ 壁灯，适合各种档次旅馆。

⑥ 当无天然采光的走廊，建议将照度应提高一级。

⑦ 走廊灯的控制应考虑清扫及夜间值班巡视使用要求。

（3）电梯厅

高档旅馆电梯厅照度为 150lx，装饰比较华丽，可采用壁灯、筒灯、荧光灯槽、高档吸顶灯、组合式顶灯等，色温以暖色为宜，显色指数不低于 80。

低档旅馆电梯厅照明可按 75lx 设计，可采用吸顶灯、筒灯等，显色指数不低于 60。电梯厅照明可以就地控制，也可以在服务台集中控制，中高档旅馆建议采用智能照明控制系统进行控制。

（4）楼层服务台

楼层服务台的照度为 100 ~ 150lx。在柜台上部设局部照明，筒灯、射灯、吸顶灯经常被采用，有时柜台内侧设台灯。现代中高档旅馆越来越多的不设楼层服务台。

### 7.6.5　超市空间照明

照明系统大致可分为四个独立的元素：一般照明、重点照明、建筑照明、效果照明，正是这四种元素合理的搭配与平衡，从而产生了好的效果与氛围。

一般照明就是指采用某种形式的灯具使整个商场空间充满均匀的光。在以往，采用高照度的漫反射式的一般照明很普遍。但是漫反射式的一般照明产生的效果往往严肃有余而活泼与优雅不足，更重要的一点是大部分漫射光没有去照亮正在展示着的商品，因此这种方式的照明运行成本较高。如今，一般照明通常仅仅是当人们出于安全和导向的需要时而用来提供的一种基础性照明。所以它通常与其他照明系统相结合。当前的趋势是利用动态变化的日光作为照明系统的一部分。这种利用照明控制系统使人造光与日光紧密结合的照明方式的巨大灵活性在日后将会显得尤为重要。

重点照明有两种重点照明：一种是陈列照明，包括单个对象的照明；另一种是商品的照明。陈列照明，通常用圆形、窄光束的聚光灯。其目的是使被照射的物体与其背景相比显得更为突出。因此陈列照明往往强调物体的形式、结构、质地以及颜色。陈列照明被用来强化购物者与商品这两者之间的关系。通过呈现商品的精巧来吸引顾客。现在，甚至在超市和便利店，陈列照明手法的使用正日益流行。

现在的趋势是利用照明元素（不同类型的聚光灯）组合使用。

商品的照明是陈列在货架上的商品的照明，是通过宽光束的聚光灯或者是可调角度的点光源下射灯来完成的。非对称配光的光带系统也常用来做货架照明。在光带系统中揉合进聚光灯或点光源下射灯也渐渐成为一种趋势。聚光灯安装得离货架较近，因此可以获得一定程度的均匀的照明。点光源的使用可以在商品上创造阴影以及闪光点。光带能产生有效的功能性照明。

建筑照明值：现在的商店设计者对建筑的元素及特色是有选择地进行照明，其目的是创造一个理想的光环境和空间感。例如：亮的屋顶会使空间显得更高大。亮的墙壁会使四周显得更宽敞。即使四周没有货架，这些大面积的墙面通常也需要照亮。

效果照明和重点照明不同，有些地方希望创造特殊的照明效果以吸引顾客，而不是直接的照亮商品，这就是效果照明。过去效果照明仅用于精品店。而如今，效果照明已被广泛使用。例如，一个常用的技巧是：在天花板上安装极窄光束的聚光灯，在地板上可产生光的图案。另外一个技巧是：用 gobo 可在墙面投影（图片，标志，广告资料）。光纤等技术也被用来创造引人注目的照明效果。

上述各例中，光控在将来将扮演越来越重要的角色。理论上讲，有四个照明参数可被控制：照度等级，光色，光束方向以及光束角的宽窄。光控满足了商场业主的四个需要：灵活性；不同的工作模式；产生动态变化、特殊的照明效果；节能。

### 7.6.6 餐饮空间照明

（1）餐厅、茶室、咖啡厅、快餐厅等处的照明要点

① 门面招牌的艺术表现。招牌的照明方式有两种：一是用投光灯外投射或内投射门面招牌、店标；二是用灯光映衬门面招牌。

霓虹灯的艺术表现。霓虹灯因为内充气体不同，电流大小变化，可以呈现出不同的色彩，还可造成闪烁感受和动感，特别引人注目。

橱窗的艺术表现。橱窗照明中可以采用点光源，重点照射被陈列的食品。灯具应选用显色性高的白炽灯，白炽灯的光线强调暖色，使食品的色泽更为鲜艳诱人，突出菜品和原料的“色香味”的艺术表现（图 7-16 和图 7-17）。

图 7-16　台湾东山服务区照明景观

图 7-17　台湾中坜服务区照明设计

② 餐厅、咖啡厅、快餐厅、茶室具有典型的文化色彩，这种文化可以是民族文化，也可以是企业文化，因此，不同国家、不同民族、不同品牌，甚至不同地区风味的餐厅有着不同的装修特点，照明的表现手法也不尽相同。灯具的式样、光源的颜色特征也与装修关系甚密，因此，灯具常被称为灯饰，而光源色温又是营造餐厅环境的主要手段。

③ 自助餐厅或快餐厅的照度宜选用较高一些，因为明亮的环境有助于快捷服务，加快顾客周转，提高餐厅使用效率。

④ 餐厅应选用显色指数较高的光源，即显色指数不低于 80。还要特别注意选用高效灯具，灯具效率应符合《建筑照明设计标准》GB 50034—2004 的要求。

⑤ 餐厅、咖啡厅、快餐厅、茶室等宜设有地面插座及灯光广告用插座。

⑥ 餐厅照明设计针对风味特点、地域要求，并满足灵活多变的功能，中餐

厅（200lx）照度高于西餐厅（100lx）。不同就餐时间和顾客的情绪特点，也将影响着灯光及照度。一般早餐时，照度不宜太高，100lx 以下为宜，但广式早茶是个例外，照度可适当提高，午餐时要求明亮而热烈，照度选择在 75 ~ 150lx 的范围内；晚餐时人数较多，有时为大型宴会，要求照明灯光能充分体现气氛，要选用色温低、显色指数高的光源，要求 Ra≥80，中餐厅照度要求达到 200lx 以上（图 7-18）。

图 7-18　台湾中坜服务区餐厅照明

（2）一般餐厅常规布置灯光

① 均匀布置的顶光，采用吸顶灯或嵌入式筒灯作行列布置或满天星布置，也可采用吊杆灯与双吸顶灯配合。

② 烘托气氛的槽灯，一般有周边槽灯或分块暗槽灯等形式。

③ 有的设置一些壁灯。

④ 橱窗灯光，能烘托展示食品的鲜美（图 7-19）。

图 7-19　德国服务区里的眼馋的食品

⑤ 设有壁画、花草、雕塑等饰物处设置必要的射灯。

### 7.6.7 办公室内空间照明

（1）办公照明的概念

办公室照明的基本需求有三种，它们分别是：面对面交流的需求；通过印刷文字交流的需求；通过更现代的电脑显示器交流的需求。

（2）办公照明的发展沿革

大致可分为三个阶段。满足简单工作需要：有了天然采光和人工照明；定量分析手段的引入：照度和显色性概念，眩光限制；优质照明环境的设计：照明满意度评价体系。

（3）办公照明的基本原理

照度水平与照明满意度：工作面照度小于200lx，工作者对照明环境评价很差，在300lx～800lx之间，工作者对照明环境的满意度，随着照度水平的提高而显著上升，800lx以上满意度基本达到饱和，照度水平的增加不会显著改变工作者对照明环境的评价。

眩光限制：眩光主要分为失能眩光和不适眩光，办公室内主要产生的是不适眩光，不适眩光主要以光源直接眩光、反射眩光和光幕反射等形式存在。

光的显色性要求：办公照明环境的颜色会较大程度地影响工作人员的情绪。具有较好的色彩还原性的光源，能营造良好的照明环境，从而提高人员的工作情绪。具有最佳显色性能的光源当属白炽灯，但它具有低光效和较短的使用寿命，卤素筒灯还是当前的较好选择。

办公照明在对应照度要求下的照明功率密度值，《建筑照明设计标准》GB 50034—2004、表6.1.2中的部分值如下表：

**表7-5　办公建筑照明功率密度值**

| 场所 | 对应照度值（lx） | 现行值 | 标值 |
|---|---|---|---|
| 普通办公室 | 300 | 11 | 9 |
| 高档办公室 | 500 | 18 | 15 |
| 会议室 | 300 | 11 | 9 |
| 营业厅 | 300 | 13 | 11 |
| 文件整理、复印室 | 300 | 11 | 9 |
| 资料、档案室 | 200 | 8 | 7 |

（4）办公照明设计常用指标

照度需要考虑的是两方面的因素，一是照度的数值，二是空间分布均匀度。照度是表征表面被照明程度的物理量，它是每单位表面接受到的光通量。单位为勒克司（lx）。

亮度和眩光。亮度是指光源在某一方向上的单位投影面在单位立体角中发射的光通量。单位是坎得拉每平方米（$cd/m^2$）。眩光的产生也是由于视野中出现过高的亮度比所引起的。办公室内常用的眩光指标为统一眩光值。

光色与显色性。光色即光的颜色，光源的光色由色温来决定，光源的色温是指当光源发出的光的颜色与黑体在某一温度下辐射的颜色相同时，黑体的温度就称为该光源的颜色温度，单位是 K。显色性是指光源的光照射到物体上所产生的客观效果。

光闪烁。光闪烁是指亮度或光谱分布随时间的波动而引起的不稳定的视觉印象。

灯具的 FFR 系数。灯具的 FFR 系数是指灯具向上照射的光通亮与向下照射的光通量之比。

（5）典型办公空间照明设计

私人办公室的照明：私人办公室的特点是相对面积一般较小，人员较少，装修及家具布置方式变化多，照明要求个性化，视觉变化明显。对照明设计而言，一个完美的设计方案应该是在装修和家具布置确定的前提下，针对人员活动的范围来布置灯具，这样的照明有着较高使用效率和舒适度。但往往灯具的布置需要和装修一起结束，而此时的家具和人员位置往往还未确定，因此可移动的局部照明灯具对最终改善照明的效果能起到决定性的作用。私人办公室墙面的细节在视野中占支配地位，场景变化多，人员较少，照明要求个性化，空间小，视觉变化明显。墙面要有专门的照明，这时基础照明灯具的选择是多样化的。如果墙面没有专门照明灯具，要选用 FFR > 1 的灯具。空间结构小，电脑屏幕反光不用考虑。多场景调光控制适合不同的任务和天气条件，营造不同的环境氛围。

几人小办公室照明：几人小办公室特点是视域长，空间错落；天花开阔、单调；长时间、多人员；渴望日光。天花、墙面和柱子的上部要比较亮，最好采用多种类型灯具混合照明。如果采用单一照明灯具，则 FFR≈0.5，避免电脑屏幕反射。控制系统采用动态照明或日光感应控制，局部开关尽量少，另外，最好能够安装人员感应探测系统。视野内主要是墙面的细节，天花也是视觉内容的一部分，人员较少，办公时间比较长，控制冲突。墙面要有专门的照明。天花照明灯具选择 FFR >0.1 的灯具。如果室内空间较大，应考虑到电脑屏幕的反光效应。控制系统采用在局部采用单独控制，整个房间采用动态照明或日光感应控制，也可使用环境控制系统，但是不必要采用人员感应探测系统。

大开间办公室的照明：大开间办公室的特点是相对面积一般较大，人员较多，结构变化较大，天花面积较大容易导致视觉单调，同时一般由于空间进深较大，阳光能照到的地方相对较少，人员对阳光的渴望明显。对照明设计而言，解决视觉上的单调，模拟人造日光，改善桌面的照明舒适度，是本空间设计须重点把握的。

休息区域照明：休息空间提供交流和休息机会，环境氛围是休闲式或家庭式的，照明气氛活跃。自发光灯具或 FFR > 0.5 的灯具使视觉快爽，人员面部表情生动而清晰，有色灯具能够增加视觉快感。

接待区域照明：其中人员具有流动性和偶然性，照明风格和要求与办公区域截然不同。自发光灯具或有色彩的灯具营造不均匀的光影和光色。照明特色鲜明，能够表现一定的内涵。

## 7.7 服务区绿色照明

在高速公路隧道两侧安装主动发光标志，既能保证行车安全，又能在车流量较小或夜间车辆行驶时，代替部分照明用电，从而减少电能消耗，降低运营成本。

# 第8章　公共设施设计

公共设施其实是一个很大的概念，笼统地讲就是在一个特定环境或空间里的供人们使用、为人们提供服务的产品。有供单纯精神审美欣赏需求的景观设施，有供人们休息的休息设施（图8-1），有照明和水景设施（图8-2），有给人们指示作用的引导设施等。

图8-1　休息设施

图8-2　水景设施

室外设施必须与室外环境条件，如人们在室外环境中的各种行为特点及自然、气象条件等，相适应、相协调，以人们生活的安全、健康、舒适、效率为目标。

## 8.1　城市公共设施的历史背景

环境设施的历史发展是比较困难的一件事。有多方面原因，首先，谈及城市环境设施的历史就不能不提及城市设计的历史。然而，一直以来，城市设计总是被建筑、规划、工程等这样伟大的项目所占据，城市环境设施变成了它们的附属品，城市环境设施的历史自然就成了“野史”而无从谈起。其次，尽管我们对城市环境设施做了分类，但是它本身就是一个开放且变化的体系，内容繁杂、发展迅速、变化万千，既难以精确地界定其范畴，也难以全面而系统地对其历史加以考证。不过环境设施都具有共性和个性，环境设施的共性指具有能满足大部分环境和人的需求的一些特征，这就是环境设施的共性以及安全性、舒适性、识别性、整体性和文化性。环境设施的个性指个性、可变性、多样性以及基于地理、文化、民族、传统、使用环境、使用人群特征的不同，都会造就各种多样性。

# 8.2 城市公共设施的功能特性和设计原则

### 8.2.1 环境设施的功能特性

环境设施在为人们提供各项服务时发挥很好的作用，一般来说，环境设施的功能有四个特性（图 8-3）：

图 8-3 德国某服务区环境设施

（1）基本性：指环境设施外在的、首先为外人感知的功能特性。

（2）环境性：环境设施通过形态、数量、空间布置方式等对环境要求给予补充和强化的功能特性。

（3）装饰性：环境设施以其形态对环境起到衬托和美化的功能特性。

（4）复合性：环境设施同时把几项使用功能集于一身。

### 8.2.2 城市公共设施的设计原则

（1）合理性原则

合理性的要求是来自多方面的。首先是技术层面的。很多设计精美的作品在最后阶段终于被舍弃并不是由于设计上的原因，而是材料、加工工艺或结构上的问题，所以应当慎重选择材料，并深入研究其工艺。其次，这种设计的合理性来自于使用方面的压力。例如座椅应尽量少采用活动式的。再次，合理性也包含着风格上的合理性。需要相对持久、经典的风格，更多地关注设计中的简洁与纯粹，这并不是极少主义，而是要让设施用自己的语言来表达它们的内涵。

（2）功能性原则

功能性原则是公共设施设计的一条基本原则，也是它们存在的依据。它们必须具有实用性，这不仅是技术工艺方面，而且还应体现整个设施与使用者生理及心理特征相适应的程度。在设计中要设计“物”，也要看到“人”，考虑到安全性、易操作性、使用者身处的环境、设施与环境的协调等问题。

（3）人性化原则

人既是物质环境的创造者，同时又是最终的使用者。公共设施的设计必须考虑人的要求，以人的行为和活动为中心，把人的因素放在第一位。要特别强调为残障人士做的无障碍设计，例如盲道坡道、专用电话亭等（图 8-4）。

（4）绿色设计的原则

绿色设计着眼于人与自然的生态平衡关系，在设计过程的每个决策中都充分考虑到环境效益，减少对环境的破坏，简称“3R 原则”：Reduce（减少）、Recycle（再生）和 Reuse（回收）。

图 8-4　某服务区无障碍设施

这一原则在公共设施中的应用并不是仅仅多设立几个分类垃圾桶而已，它要求设计师从材料的选择、设施的结构、生产工艺、设施的使用乃至废弃后的处理等全过程中，都必须考虑到节约自然资源和保护生态环境。例如在材料选择方面，应首先考虑易回收、低污染、对人体无害的材料，更提倡对再生材料的使用。结构上，多使用标准化设计，减少部件数量，也利于维修更换。表面处理上少用加溶解物的油漆，在能源选择上多采用高效节能的“干净”能源，如太阳能。

（5）美学原则

美学原则是设计领域普遍遵循的一般规律。在环境设施设计中遵循对比与统一、对称与均衡、节奏与韵律等形式美法则，在提升环境设施质量的同时，带给观者愉悦的美感享受。

（6）创造性原则

在设计领域中，离开了创造就等于失去了设计的灵魂。创造有两个层次，一是发明创造，二是改良。创造可以在三种模式下展开：一是概念设计，它给予设计师较大的宽容度，也更大地强化创新的程度；二是方式设计，如生活、使用方式的设计，以现实中的问题为主，提出解决的方法或引导出新的方法；三是款式设计，以款式或外观为主，追求时尚与变化。公共设施因其自身特点使我们更偏向于第二种模式，表现为在使用方式上的创新以及款式外观上的创新，满足人们追求个性与变化的天性。

（7）整体性原则

公共设施是城市生活的道具，它应该符合大众公共生活的需求，并与周围的环境（包括物质环境和人文环境）保持整体上的协调。但协调并不止于表面层次，更应追求一种精神及意味上的深层次统一。公共设施是一个系统，除了与周围环境协调一致，其自身也应具有整体性。无论是小设施，还是大设施，虽然各有特性，但彼此之间应相互作用、相互依赖，将个性纳入共性的框架之中，体现出一种统一的特质。

## 8.3 公共设施设计分类

对于任何设计领域，不同的分类原则会导致不同的分类结果，公共设施也不例外。我国目前还没有完整的环境设施分类参考，这里按照公共设施的用途分类，供参考。

（1）公共信息传播设施：指路标志、方位导向图、广告牌、信息栏、时钟、电话亭、邮筒等。

（2）公共卫生设施：垃圾箱、烟蒂箱、痰盂、饮水器、洗手器等。

（3）公共休息娱乐服务设施：休息座椅、桌子、太阳伞、游乐器械、休息廊、售货亭、自动售货机等。

（4）公共照明安全设施：灯具、消火栓、火灾报警器等。

（5）公共交通设施：防护栏、路障、反光镜、车棚等。

（6）艺术景观设施：雕塑、壁画、艺术小品等。

（7）无障碍环境设施：包括无障碍环境中交通、信息、卫生等方面的设施。

## 8.4 服务区功能设施设计

### 8.4.1 服务区标识系统设计

在服务区这样的环境中，更强调标识的作用。标识是指方位、广告和地名标牌等外部环境图示，包括标志和标线，通过文字、绘图、记号、图示等形式予以表达，文字标志最为规范且准确，绘图记号具有直观、易于理解、无语言文字障碍、容易产生瞬间理解的优点；方位导游图，采用平面图，照片加简单文字构成，引导人们认识陌生环境、明确所处方位，标识系统又是构成景观的重要部分。标识照明具有传达信息、步行方向指示、交通指向等功能，是人们获取信息的主要通道，是公共空间的功能性辅助照明，艺术性和功能性的结合，也使其成为夜景中的符号照明。避免由于缺少内部交通系统的指示标识引起行驶混乱。

1. 标识设计主要内容

标识设计包括形式、形态、安装位置、照明方式、照明质量等。形式包括动态和静态，动态有霓虹灯、多面翻、旋转、显示屏和投影幻灯等，静态有灯箱；形态有材料、形状、尺寸、色彩和文字等要素；安装位置有独立安装，安装在筑物上屋顶、平行于墙面、垂直于墙面、地面上等；照明方式有向上、向下和内透光等方式；照明质量考虑照明均匀度、表面光亮、眩光控制。

2. 导向标识系统设计分类

导向标识是提供空间信息，进行帮助认知、理解、使用空间，帮助人与空间建立更加丰富、深层的关系的媒介。为特定环境创造标识牌时，必须综合分析环境、建筑、文化及美学等各种因素，满足设计委托人及使用者的需求。整个设计过程包含着丰富的设计技巧以及对材料、技术及制作等方面的有关知识。标志有预告标志、交通标志、交通标线、护栏等。标识牌按照功能的不同分成六大类。

（1）定位类，这一类标识系统能够帮助使用者确定自己在环境中所处的位置。它们包括服务区出入口及场地内引导类和说明类的标识、地图，建筑参考点以及地标等。定位类标识牌能够帮助使用者确定自己在环境中所处的位置，地图是最常见的一种形式。服务区的出口处必须设置服务区名称标识牌、含高速公路交通图及沿线服务区信息的标识牌，并可设置问候及宣传标识牌（图 8-5）；指示服务区布局的标识设置在匝道末端，提醒司机进入服务区后的交通路线；服务区的入口处设置带有驶入方向的地面箭头标线。

图 8-5　某服务区含名称标识牌及沿线服务区信息的标识牌

（2）信息类，服务区信息标识板能够提供详细的信息，例如标识全省高速公路服务区布局现状及本服务区所处位置，提供本服务区情况简介、超市的商品目录、即将举行的各种活动表等。在许多场合，如果它们易于理解且摆放位置得当，将大大减少使用者的疑惑以及对工作人员的询问。

（3）导向类，交通指示、引导作用的标识。导向类标识牌引导人前往目的地，它是人们明确行动路线的工具。这一类标识牌在使用的有效性和安全方面显得至关重要。服务区内部设置交通系统的指示标识，引导司机进入服务区后的交通路线，配置良好、简洁明晰、设计精良，可以有效地引导人们出行活动，使外部空间环境交通顺畅、生动活泼、丰富多彩。主要有路牌、道路方向标识、交通标识、场地行车标线等，在规划设计中应与公路指示系统相统一，在形式和选材中部应以清楚传达信息为首要目的（图 8-6）。

图 8-6　法国某服务区导向标识牌

（4）识别类，这一类标识牌帮助你确定你的目的地或让你识别一个特殊的地点。它可以标明一件艺术品，一座建筑物，一个建筑物群或一种环境。这一类标识牌通常都富有个性，在很多时候被用来做广告。一般使用统一性的、且是大批量生产、反复出现的标识牌作为Ⅵ计划的一部分（图 8-7）。

图 8-7　用于自行车停车场的识别类标识牌

（5）管制类，服务区还可根据需求设置安全警示类标识，这一类型标识牌标示你可以做什么，禁止做什么，也会告诉你在紧急情况下（例如火灾、沉船、地震等）你可以采取哪些措施（图 8-8）。成功的标识、告示及导向的设计，应满足以下设计要求：

①提供有序化的信息；

②以创造性的构思，构筑地域性的标识，提高环境的整体质量；

③以造型、色彩、结构等特征引起人们关注，并提高人们理解信息与采取行动的能力。

3. 服务区标识系统的设计要点

（1）标识样式设计明显在交通干道上，应注意标识对驾驶员的视觉干扰，并应减少混乱，并与必要的、公共的交通标志相协调。

（2）必须设置在视野开阔处，不得影响车辆的行使，不得侵入各功能区的建筑限界。服务区中的功能区，宜用地面标线标明其范围，并应设置有配套的说明或引导类标识牌和地面引导标线。服务区场地中的标志和标线具有传达信息、提供引导、介绍等作用，如路牌、道路方向标志、交通标志、店招、问讯指示、场地行车标线等（图 8-9 和图8-10）。

图 8-8　管制类标识牌有强制遵循的意义

（3）必须设置在视野开阔处，不得影响车辆的行使，不得侵入各功能区的建筑限界。服务区中的功能区，宜用地面标线标明其范围，并应设置有配套的说明或引导类标识牌和地面引导标线。服务区场地中的标志和标线具有传达信息、提供引导、介绍等作用，如路牌、道路方向标志、交通标志、店招、问讯指示、场地行车标线等（图 8-10）。

图 8-9　台湾云林县境内古坑服务区内分区标志

图 8-10　英国某服务区内的指示牌

（4）标识牌设计体量适宜，色彩突出周边环境，在车辆由高速行驶到进入服务区减速的过程中引起司机的注意，起到应有的指引作用。

对由交通标志安置点构成的空间环境应考虑在标志设置的背景空间上是否存在异样刺激物，如性能优良的反光材料、强烈的背景灯光等可能对标志的视觉效果产生干扰，如果在背景空间中存在着这样的异样刺激物，应采取有效措施予以消除。

（5）标志的设置场所、排列规则也是标志设计的一个重要的方面。其在所处的场所中应具有宜人的尺度、恰当的安置方式，便于行人驻目观看。如设于各类建筑出入口、空间转折点或道路交叉口及其他人流集中的场所时能起到很好的视觉传达效果。

（6）管理控制，规范化。高速公路服务区内所设立的广告标志和设计质量应该给予管理控制，规范化。

（7）无障碍指示标示有立柱式指示牌和导盲砖两种。

立柱式指示牌告知分区所在位置和服务设施项目，导盲砖则将视障者引到全区配置图、触摸地图和建筑物入口。视障者的引导设施除了导盲砖之外，利用边缘概念是服务区内另一种导盲手法。步道边缘和植栽区外围铺设的缘石和碎石明沟可以取代导盲砖作为导盲杖侦测的媒介物。导盲砖在方向明确、边缘清楚的通道上是多余的；但是在空旷的广场仍然有其作用。另外，要十分重视盲道运用的诱导标志的设置，特别是对于身体残疾者不能通过的路，一定要有预先告知标志；对于不安全的地方，如联系天桥，除设置危险标志外，还须加设护栏，护栏扶手上最好应注有盲文说明。电线杆、矗立式标志牌等应尽量不设置在道路上，或者将其规划好，使其不成为阻碍人行的要素。

4. 标识设计风格

标识设计风格主要有新艺术运动风格、哥特式、罗可可式、日本浮世绘以及现代主义设计风格。现代主义设计风格的突出特点有：

（1）突出的功能主义特征，讲究设计的科学性。

（2）形式上提倡非装饰的简单几何造型，摒弃装饰来降低成本为大众服务。

（3）在具体设计上重视空间的考虑，强调整体设计，提出在模型的基础上进行设计规划。

（4）在设计过程中考虑经济问题，达到实用、经济的目的。

5. 制作标识牌的材料

（1）陶瓷。陶瓷是一种无机非金属材料，有极好的耐热性和化学稳定性，效果持久，色彩丰富。例如瓷砖既可以像花边一样镶嵌在标识牌的周围，也可以自己组成图案，传达准确信息。但方形瓷砖边角易碎。陶瓷在标识牌中的应用之一是马赛克。

（2）混凝土，在未干时有一定的流动性，这使得它可以被制成各种形状，做各种表面处理。

（3）砖，过去许多砖制品因为受工具的限制而加工粗糙。现在工具的发展更容易制作富有创意的作品，但是用不同颜色的砖进行雕刻是费时费力的事情，是一种精巧的手工劳动。

（4）石材，雕刻是石材最传统的加工方法，主要使用的石材有大理石和花岗岩，石材制成的标识牌很难复制，石材的耐气候性好，但是如果气候条件过于严酷，石材也会产生变化并最终影响标识牌的美观。

（5）玻璃，是一种美丽且具有多样性的材料。它可以是平滑的、透明的、不透明的、镜面的或是可以变色的。玻璃表面的加工可以有喷涂、丝网印刷、蚀刻、喷砂、玻璃切割、镀金等。

（6）金属，也是标识牌行业中使用很广泛的材料，经常用到的金属有钢材、铝、铜等，钢材容易锈蚀，必须进行处理。

（7）塑料，是制作标识牌时使用得最为广泛的一种材料。塑料性能稳定，易于加工，能够暴露于室外，而且色彩丰富。但塑料对温度的变化较为敏感，应慎重考虑和塑料一起使用的其他材料。

（8）木材，是制作标识牌的一种优良材料。木材主要取自树木的树干，它是最主要的天然有机材料。但木材的物理性质因树种不同有明显差异，应选择合适的树种来制作。此外防腐也是至关重要的。

6. 标识牌设计中对图形符号的要求

（1）图形符号的国际性问题

图形符号通常用来设计导向类或识别类的标识系统。特别是道路交通系统，在一些特殊场合，常要求将信息传达给不同国家的人们（图 8-11）。尽管有许多

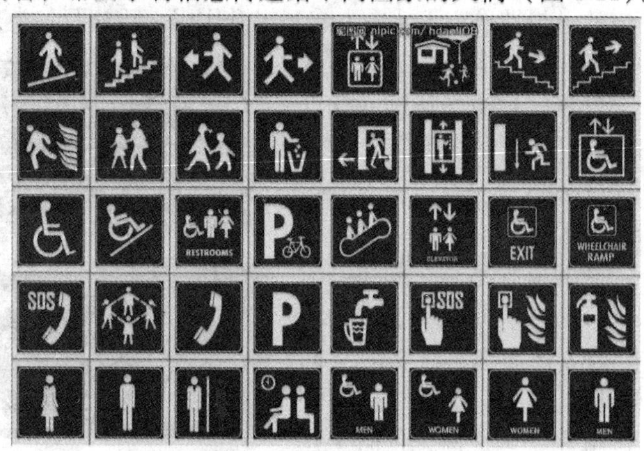


图 8-11　图形符号

图 8-12　图形符号可以作为标识系统的一部分

约定俗成的符号在世界范围内得到认可，但并不存在“世界性”的符号标准。

(2) 图形符号的设计问题

图形符号的设计不能基于自己的经验来做决定，对使用者的知识层次及对符号的理解力做出不正确的假设。在一种文化背景下被广泛理解的图形符号在另一个文化背景中不一定被广泛理解。考虑使用的语言，怎么样表达更有效，怎样将语言与图形和谐地结合起来，

用符号表达一种事物会比表达一种想法更有效；尽量把图形符号设计成一个系统。

(3) 图形符号的有效作用

在某些公众安全被优先考虑的场所，如交通道路，图形符号可以作为标识系统的一部分且效果不错（图 8-12）。设计一个图形符号可能不难，但设计一个一致性的图形符号系统是个艰难的工作，需要巧思冥想。

### 8.4.2　雕塑小品

雕塑艺术在服务区环境中扮演着重要的角色，它们风格各异、造型多样，并与周围环境有机结合，既是一种重要的服务区景观，又是服务区环境不可缺少的组成部分。雕塑经常成为场所所具有凝聚作用的空间的焦点，对其背景的设计或选择应使之能充分地衬托雕塑，散乱的背景会极大地损害雕塑在空间中的作用。雕塑亦能对环境的思想性、艺术感染力起到提升作用。雕塑及各类艺术小品是建筑空间环境中的主要艺术景观设施，对于点缀和烘托环境气氛、增添场所的文化气息和时代风格能起到重要的作用。

图 8-13　秦岭服务区圆雕

1. 雕塑的基本形式

(1) 圆雕和浮雕

圆雕具有强烈的体积感和空间感，轮廓界限分明，可以从不同角度观赏、体验，雕塑主体有一个完整、独立的空间（图 8-13 和图 8-14）。

浮雕介于圆雕和绘画之间，依附于建筑或特定造型的表面，不像圆雕那样占有

独立空间，观赏角度也只能从正面或侧面完成。

（2）抽象雕塑

抽象雕塑是指打破自然中的真实形象，具有强烈的感情色彩和视觉震撼力，较多运用点线面体等抽象符号形态加以组合（图 8-15）。

（3）具象雕塑

具象雕塑指用以写实或再现客观对象为主的手法，具有形体正确完整、形象语言清晰、指示意义确切，容易与观赏者沟通和交流等特点（图 8-16）。

图 8-14　花岗岩圆雕《盼归》

2. 雕塑的表现类型

主题性雕塑：主要放置在服务区场地内重要位置，如服务区主广场（图8-17）。

图 8-15　关西服务区抽象雕塑

图 8-16　某服务区前具象雕塑

标志性雕塑：具有地标性特征，是一个地域的象征（图 8-18）。

图 8-17　台湾东山服务区陈信朗先生“行大运”：狗在运转的大球上奔跑，另一狗在旁看守，以此意象传达“狗年行大运”的祝福之意。

图 8-18　日照服务楼前矗立着一座惟妙惟肖的三鱼戏水的石雕，让旅客刚踏入日照，就已倾听到了来自海底的声音，领略了海洋独特的魅力。

景观小品雕塑：为公共场所提供可使用而设置的雕塑小品，如广场上的石凳、石桌、灯具、垃圾桶等，既有使用功能，又极具有雕塑艺术的美感，给人以启迪，体现轻灵活泼并注重和观者互动（图 8-19）。

图 8-19　台湾关西服务区景观小品雕塑

图 8-20　民俗性雕塑

生态型雕塑：注重利用原生态的观念和材料进行二次再创造，达到回归自然的目的。

民俗性雕塑：多以写实、具象的艺术表现手法，再现不同时代在人们记忆中的生活场景，使观者具有一种亲切感（图 8-20）。

装置雕塑：不需要过多制作，利用既有的现成材料，通过设计理念将其有机的组合在一起，成为艺术作品（图 8-21）。

3. 雕塑的材料

雕塑置于室外空间，其材料需经得起风吹日晒、四季气候的变化，材质需经久耐用，主要有以下几种常用材料：

（1）石材雕塑：主要有花岗岩、大理石、青石等。大理石多用作绿地雕塑、园林雕塑、广场雕塑等；花岗岩适合室外大型雕塑，肌理感强，色泽稳重；青石

图 8-21　台湾关西服务区装置雕塑

硬度较大，结晶很小，很细腻，越光滑越黑。考虑石雕的运输，在满足石材加工的前提下，首先考虑就地取材（图 8-22）。

图 8-22　厦汕高速公路天福服务区“万马奔腾”群雕

（2）铸铜雕塑：铸铜是仅次于石材的材料被广泛应用于雕塑中，铜分为红铜、黄铜、紫铜、与铜锌等材料合成的青铜。铸铜由于质地较硬，结构便于完成、挑战性极大和体量大的雕塑适合用铸铜工艺完成（图 8-23）。

（3）不锈钢雕塑：不锈钢材质较硬，设计时要考虑加工的尺度和难易程度，造型越简单，不锈钢越容易加工；过于写实和体量较小的造型，不适合不锈钢材质（图 8-24）。

图 8-23　铸铜雕塑

图 8-24　不锈钢雕塑

（4）其他：如树脂复合材料（玻璃钢）、人造石（再造石）等仿天然石的一种材料，利用水泥为胶凝材料，加上各种颜色的石粉和建筑胶，通过模具成型。

4. 雕塑设计要点

（1）尺度上的把握

雕塑设计或选择与服务区空间相适宜，能够统领空间，成为空间焦点。雕塑最适宜的尺度在不同场合是不同的，雕塑的尺度感受还与背景以及人的观看距离密切相关（图8-25）。

（2）形式的统一。使雕塑与特定环境中的主题相吻合，使雕塑反映环境的性格特征，使环境的主题更加鲜明，更富于精神内涵（图8-26）。

图8-25　台湾东山服务区室外公共艺术作品“乡间骑士”

图8-26　厦汕高速公路天福服务区通过雕塑来体现以服务区为窗口，推广中国茶和弘扬中国茶文化

### 8.4.3　壁画

壁画是利用建筑空间及其内外环境，依附于建筑的各个界面，在室内墙壁、承重柱、天花板和地面上以及室外墙壁上进行绘画，或者通过工艺手段及其他技术制作完成的画面（图8-27）。

图8-27　台湾东山服务区室内公共艺术作品“青春风情画”

1. 壁画特点

壁画与环境相统一的特征。由于壁画的特点和其材料的运用，其形象呈主观性和象征性，对自然的描述也因装饰的手法把自然物象加以变化，运用夸张、变形将客观自然刻画为理想中的主观形象，保持或突出了自然变化为理想中的主观形象。

把材料作为创意形象的载体，发挥着特有的功能和力度，材料的外观、质地肌理、视觉触觉，都能给人以美感，金属的力度美、石材的粗犷感、编制物的柔美感和含蓄感，都能使人浮想联翩，这些材料，组成了缤纷的壁画材料世界。壁画的内涵有很大的容量；壁画是大众性的艺术品。

2. 壁画材料分类

常用材料分为三类：一是天然材料，包括黏土、石料、木料、毛绒、丝线、麻线等；二是人工材料，包括铜、铁、不锈钢、铅、铝合金、玻璃、塑料、陶瓷、马赛克、水泥、纤维、纺织品、丙烯等；三是产品材料，即原材料的制成品，直接用于壁画的有：塑料中的面板、纤维中的挂毯和壁毯、各类织品、图形石膏板、胶合板、釉面砖等。

### 8.4.4　服务区游乐设施

小皮亚杰说“儿童游戏乃是一种最令人惊叹不已的社会教育”。服务区空间环境中游乐设施容易使儿童进行积极的、自发的、具有创造力的各项活动，从而对其身心健康成长起到良好的促进作用。在一些服务区内的游乐设施已成为大人和儿童经常使用的娱乐工具，司乘人员旅途的疲劳也常常在儿童的欢声笑语中得到缓解和消除。游乐设施的设计需针对不同年龄儿童的生理和心理特点，从设施的尺度、色彩、形象、材质等方面进行综合研究。可以选择软质材料，如橡皮轮胎、木料、绳索之类，以避免儿童在游戏时碰伤。此外游乐设施的个体造型、整体摆设方式应考虑使之成为一组雕塑性的艺术品，为环境增添亮丽的色彩。如图 8-28 所示。

图 8-28　荷兰首都阿姆斯特丹服务区儿童游乐设施

### 8.4.5　山石景观

山石景观可以分为岩石景观、景石造景两类，山石景观西方称为岩石园。岩石景观起源于英国；景石造景在我国称为置石。

1. 岩石园

岩石园是以岩石和岩生植物为主体，结合地形选择适宜的植物，展示高山、岩崖、碎石陡坡等自然景观和植物群落的一种专类植物园。岩石园在欧美各国常以专类园出现，规模大的可占地 $1hm^2$ 左右。小者常在公园中专辟岩石园角。目前很多私人小花园中兴起建造微型岩石园，很易和面积较小的私人花园相协调。岩生植物多半花色绚丽，体量小，易为人们喜爱。

岩石园可以分为规则式岩石园、自然式岩石园、墙园式岩石园、容器式微型岩石园、高山植物展览室。

（1）规则式相对自然式而言，结合建筑角隅、街道两旁及土山的一面做成一层或多层的台地，在规则式的种植床上种植高山植物。这类岩石园地形简单，以展示植物为主，一般面积规模较小（图 8-29）。

（2）自然式岩石园以展现高山的地形及植物景观为主，模拟自然山地、峡谷、溪流等自然地貌形成景观丰富的自然山水面貌和植物群落。一般面积较大，植物种类也丰富（图 8-30）。

图 8-29　规则式岩石园

图 8-30　自然式岩石园

图 8-31　墙园式岩石园

（3）墙园式岩石园是一类特殊的展示岩生花卉景观形式的岩石园。通常利用园林中各种挡土墙及分隔空间的墙面，或者特意构筑墙垣，在墙的岩石缝隙种植各种岩生植物从而形成墙园。一般和岩石园相结合或自然式园林中结合各种墙体而布置，形式灵活，景色美丽（图 8-31）。

（4）容器式微型岩石园是采用石槽或各种废弃的木槽、水槽，各种小水钵石碗、陶瓷容器，种植岩生植物并用各种砾石相配，布置于岩石园或庭园的趣味式栽植，再现大自然之一隅。种植前必须在容器底部凿几个排水孔，然后用碎砖、碎石铺在底层以利排水，上面再填入生长所需的肥土，种上岩生植物。这种种植方式便于管理和欣赏，可到处布置（图 8-32）。

（5）高山植物展览室指暖地在温室中利用人工降温（或夏季降温）创造适宜条件展览高山植物，是专类植物展览室。通常也结合岩石的搭配模拟自然山地景观。

图 8-32　容器式微型岩石园

2. 景石造景

山石的形状千姿百态、各具性格，在中国园林艺术中占有极其重要的地位。它或卧或立，或散或聚，无论在溪流之畔、林木之间，还是在房舍之侧，或孤立成峰，或叠石拟山，都给人以心旷神怡的感受，达到身心休息的目的。传统庭园中的用石常取卷曲多变、高立挺拔之石，并推崇石之“瘦、皱、漏、透”。瘦，即细长苗条，鹤立当空，孤峙无依；皱，即纹理明晰，起伏多姿，呈分化状态；漏，即有坑有洼，轮廓丰富；透，即多孔洞而玲珑剔透。总而言之，就是要取其玲珑、俊秀之美。室内山石配置不同于室外，它还要受到空间尺度等因素的影响和制约，常见的主要有假山、石壁、石洞、峰石和散石等造型形式。

我国对山石有着特殊的爱好，有“山令人古，水令人远，石令人静”的说法，给石赋予了拟人化的特征。置石虽是一种静物，却具有一种动势，在动态中呈现出活力，生气勃勃，能勃发出一种审美的精神效果。园林中常用置石创造意境，寓意人生哲理，使人在环境中感受到积极向上的精神动力。

置石在空间组合中起着重要的分隔、穿插、连接、导向及扩张空间的作用。例如：置石分隔水面空间，既不一览无余，又可丰富水面景观；置石还可障隔视线，组织空间，增加景深和层次。园林绿地中为防止地表径流冲刷地面，常用置石作“谷方”和“挡水石”，既可减缓水流冲力，防止水土流失，又可形成生动有趣的景观。

（1）园林置石的方法

①特置

特置山石大多由单块山石布置成独立性的石景，常在环境中作局部主题。特置常作入口的障景和对景，或置于视线集中的廊间、天井中间、漏窗后面、水边、路口或园林道路转折的地方。此外，还可与花台、草坪、广场、水池、花架、景门、岛屿、驳岸等结合来使用。特置山石布置特点有：特置选石宜体量大，轮廓线突出，姿态多变，色彩突出，具有独特的观赏价值。石最好具有透、瘦、漏、皱、清、丑、顽、拙的特点；特置山石为突出主景并与环境相协调，常石前“有框”（前置框景），石后有“背景”衬托，使山石最富变化的那一面朝向主要观赏方向，并利用植物或其他方法弥补山石的缺陷，使特置山石在环境中犹如一幅生动的画面。

②对置

把山石沿某一轴线或在门庭、路口、桥头、道路和建筑物入口两侧作对应的布置称为对置。对置由于布局比较规整，给人严肃的感觉，常在规则式园林或入口处采用。对置并非对称布置，作为对置的山石在数量、体量以及形态上无须对等，可挺可卧，可坐可偃，可仰可俯，只求在构图上的均衡和在形态上的呼应。

③散置

即所谓的“攒三聚五、散漫理之，有常理而无定势”的做法。散置对石材的要求相对比特置低一些，但要组合得好。常用于园门两侧、廊间、粉墙前、竹林中、山坡上、小岛上、草坪和花坛边缘或其中、路侧、阶边、建筑角隅、水边、树下、池中、高速公路护坡、驳岸或与其他景物结合造景。它的布置特点在于有聚有散、有断有续，主次分明、高低起伏、顾盼呼应，一脉既毕、余脉又起，层次丰富、比例合宜，以少胜多、以简胜繁、小中见大。此外，散置布置时要注意石组的平面形式与立面变化。在处理两块或三块石头的平面组合时，应注意石组连线总不能平行或垂直于视线方向，三块以上的石组排列不能呈等腰、等边三角形和直线排列。立面组合要力求石块组合多样化，不要把石块放置在同一高度，组合成同一形态或并排堆放，要赋予石块自然特性的自由。

④群置

应用多数山石互相搭配布置称为群置或称聚点、大散点。群置常布置在山顶、山麓、池畔、路边、交叉路口以及大树下、水草旁，还可与特置山石结合造景。群置配石要有主有从、主次分明，组景时要求石之大小不等、高低不等、石的间距远近不等。群置有墩配、剑配和卧配三种方式，不论采用何种配置方式，均要注意主从分明、层次清晰、疏密有致、虚实相间。

（2）园区置石要点

①选石、布石应把握好比例尺度，要与环境相协调。在狭小局促的环境中，石组不可太大，否则会令人感到窒息，宜用石笋之类的石材置石，配以竹或花木，作竖向的延伸，减少紧迫局促感；在空旷的环境中，石组不宜太小、太散，会显得过于空旷与环境不协调；

②置石贵在神似，拟形象物中的置石又贵在似与不似之间，不必刻意去追求外形的雷同，意态神韵更能吸引人们的眼光；

③不论地面、水中置石均应力求平衡稳定，石应埋入土中或水中一部分，像是从土中、水中生长出来的一样，给人以稳定、自然之感；

④置石应在游人视线焦点处放置，但不宜居于园子中心，宜偏于一侧，将不会使后来造景形成对称、严肃的排列组合；

⑤可利用植物和石刻、题咏、基座来修饰置石，转移游人注意力，减弱人工痕迹。但石刻、题咏的形式、大小、字体、疏密、色彩必须与造景相协调，才能产生诗情画意，基座要有自然式规则式之分。

### 8.4.6　园墙

园墙有划分区域、分割空间和遮挡的作用。园墙有围墙和景墙之分。围墙作为维护构筑物，具有防卫的作用和装饰环境的作用。景墙主要功能是造景，以精巧的形体点缀园林。景墙以其优美的造型表现，更以空间构成和组合形式表现。景墙又可以与周围的山石、花木、灯具、水体以及其他构筑物构成一道独立景观（图 8-33）。

图 8-33　园墙设有洞门、洞窗、漏窗以及砖瓦花格

墙垣类型有石砌围墙、土筑围墙、砖围墙、钢管立柱铁栅围墙、混凝土柱铁栅围墙、混凝土板围墙、木栅围墙等。按照材料构造分有：乱石墙、白粉墙。白粉墙衬托山石、花木，有较好的装饰和意境效果（图 8-34）。

图 8-34　分隔院落多用白粉墙，墙头配以青瓦

# 第9章　高速公路服务区适应性评价标准

## 9.1　服务区间距评价

服务区间距设置的合理程度往往可通过服务区驶入率这一指标来体现。一般而言，对于货车比重较高，或者断面交通量大的路段，服务区的设置宜相对密集；对于运行时间、运输距离较长（如过境运输等）的车辆，服务需求的频次较高，服务区设置也应相对密集；此外，路线所在地形地理条件等因素也影响到服务区的合理间距。

## 9.2　功能配置评价

服务区功能配置主要通过供需对比，结合驶入量情况来测算对餐厅、厕所、加油站等设施的需求状况，通过供求对比来判断各设施功能适应性。服务区功能配置评价的指标包括停车场面积、餐厅规模、公共厕所面积等。

停车场需求面积取决于主线交通量在高峰小时需停车的车辆数和车辆平均停车时间，与驶入交通量有密切的关系。

加油机数量将主要通过各服务区单个加油机高峰时期平均周转率来反映。平均每车加油时间（包括前一加油车辆加完油离开至本车加油结束的时间）以3min为合理时间上限，加油机周转率以20为合理下限。

餐厅就餐高峰期一般在中午11点到1点，下午5点到7点之间，取这两区间内的高峰就餐小时内各服务区就餐人数，据此推算各服务区在高峰期所需要的餐厅面积。

公共厕所的规模根据每小时收容的停车车辆数。

## 9.3　土地占用效果评价

高速公路服务区土地占用效果是服务区规划设计的重要依据，通过设计服务区土地占用效果评价指标体系，从利用强度、利用程度和利用效益3个方面来评价（表9-1）。

**表 9-1　土地占用效果评价指标体系**

| 指标类别 | 指　　标 |
|---|---|
| 土地利用强度 | 地均投资额，设施完备率 |
| 土地利用程度 | 土地利用率，容积率 |
| 土地利用效益 | 地均利用次数；服务区地均利用次数；停车场地均利用次数；厕所地均利用次数；地均营业额 |

1. 土地利用强度指标

主要考查服务区土地利用过程中非土地生产要素的直接性投入强度。该指标主要采用地均投资额来表述：

地均投资额 = 总投资额 ÷ 总占地面积

各项配套设施越完善、服务区各项职能发挥越好，服务区的土地利用越集约，因此，将设施完备率作为一项指标考查土地投入强度，其计算公式如下：

设施完备率 = 已有的基础设施数 ÷ 总基础设施数

其中服务区总基础设施包括停车场、加油站、餐厅、商品部、厕所、旅馆、修理间等。

2. 土地利用程度指标

土地利用程度是指在当前经济技术条件下，已开发利用土地占区域土地面积的比例，该指标是土地开发利用广度的基本指征。随着人口和社会经济发展对基础设施载荷及服务能力提出更高的要求，土地空间发展越来越受到重视，因此土地空间利用率可以较好地表征服务区集约化利用程度。基于以上考虑，服务区土地利用程度从土地利用的水平广度和空间强度两个方面进行考察，为反映高速公路服务区土地利用的程度，采用土地利用率来衡量土地平面利用情况，该指标主要反映了服务区基础设施的荷载状况；以容积率来衡量土地空间利用程度。

（1）土地利用率

该指标综合反映了高速公路服务区各项基础服务设施土地利用广度。其计算方法如下：

土地利用率 = 各类型服务设施占地面积之和 ÷ 服务区占地总面积

其中各类型服务设施包括加油站、停车场、维修区、厕所、商品部、休息区、旅馆和餐厅等。

（2）高速公路服务区容积率

一般情况下，容积率指标的确定采用项目规划建设用地范围内全部建筑面积，与规划建设用地面积之比。高速公路服务区的停车场是服务区的主要组成部分，其作用不同于只作为附属设施的一般停车场，是创造服务区间接效益的主要基础设施，故在计算高速公路服务区容积率时，其总建筑面积应将停车场的面积考虑在内。因此，高速公路服务区容积率的计算公式如下：

容积率 =（总建筑面积 + 停车场占地面积）÷ 总占地面积

3. 土地利用效益指标

土地利用效益是分析和评价土地利用现状最直接、最具代表性的指征，包括生态效益、经济效益和社会效益等。服务区内的设施包括营业性设施和非营业性设施，其中加油站、餐厅、维修区、超市和旅馆等均属于营业性设施，停车场、厕所属于非营业性设施。对于准公共设施的土地利用效益，主要从土地利用社会效益方面来考察。这种需要在土地上表现为公共设施利用的舒适、方便、安全以及容纳承载的限度。对于服务区内的准公共设施采用地均利用次数，不仅可以有效地衡量土地利用所创造的社会效益，还可以间接地体现土地利用创造的经济效益。高速公路服务区准公共设施的地均利用次数计算如下：

地均利用次数 = 日利用次数 ÷ 设施占地面积

其中日利用次数表示调查日相应的服务设施的使用对象数，相应的计算公式如下：

服务区地均利用次数 = 服务区日驶入车辆数 ÷ 服务区总占地面积

停车场地均利用次数 = 停车场日停留车辆数 ÷ 停车场占地面积

厕所地均利用次数 = 厕所日使用人数 ÷ 厕所建筑面积

加油站地均利用次数 = 加油站日加油车辆数 ÷ 加油站占地面积

餐厅地均利用次数 = 餐厅日使用人数 ÷ 餐厅占地面积

对于各营业性设施的土地利用效益，主要采用土地利用的经济效益进行评价。土地利用的经济效益指投入土地利用过程的劳动消耗和劳动占用所产出的符合社会需要的产品量和价值量的比较，可采用地均利用次数和地均年营业额指标来反映。其计算如下：

地均年营业额 = 年营业额 ÷ 建筑面积

地均投资额 = 总投资额 ÷ 总占地面积

## 9.4 绿色服务区评价

绿色服务区评价指标标集包括自然环境、交通、能源利用等 18 类 69 项指标，通过访问建筑学、生态学、社会学、医药卫生健康等多个领域专家对各指标的重要程度的评判，采用网络和现场调查相结合的方式，融入公众参与，分析司乘人员关注的评价指标和绿色服务区建设内容，筛选指标，得出的评价指标体系。

绿色服务区评价框架见表 9-2。

**表 9-2　绿色服务区评价框架**

| | | |
|---|---|---|
| 自然环境 | 空气 | 空气质量状况 |
| | 水和湿地 | 湿地面积比例 |
| | 绿地 | 绿地景观水平 |
| 建筑 | 室内环境 | 建筑密度 |
| | | 声环境质量状况 |
| | | 采光系数 |
| 生态环境基础设施 | 能源 | 可再生能源利用率 |
| | 水资源 | 节水器具和设备使用状况 |
| | | 再生水利用率 |
| | 生活垃圾 | 生活垃圾资源回收率 |
| | 交通 | 内部交通状况 |
| 司乘人员环保意识 | 垃圾分类 | 垃圾分类收集参与率 |
| | 宠物饲养 | |
| | 消费 | |
| 管理服务 | 安全 | 安全状况 |
| | 满意 | 服务区建设满意度 |
| | 动态发展 | 总得分提高率 |
| | | 关键指标得分提高率 |

### 9.4.1　绿色服务区评价指标体系

（1）空气质量状况：《环境空气质量标准》（GB 3095—1996）规定的空气污染物的达标率，周边 1km 内污染气体影响综合评分。

（2）湿地面积比例：服务区用地范围内水和湿地面积占总用地面积的比例。

（3）绿地景观水平：服务区绿地率，本土化物种比例，植被种类丰富度，色彩丰富度，是否采用垂直绿化或屋顶绿化措施等 5 项内容的综合评分。

（4）建筑密度：服务区用地范围内所有建筑的基底总面积与规划建设用地面积之比。

（5）声环境质量状况：根据《声环境质量标准》（GB 3096—2008）设定昼夜声环境质量等级进行评分。

（6）采光系数：根据《建筑采光设计标准》（GB 50033—2013）规定的居

住建筑、办公建筑、餐饮建筑等采光系数要求，设定采光系数等级进行评分。

（7）可再生能源利用率：服务区太阳能、地热能、风能和生物质能使用量占服务区总能源消耗量的比例，均折合成标准煤计算。

（8）节水器具和设备使用状况：根据《节水型产品通用技术条件》（GB/T 18870—2011）中对节水型设备的规定，对水表设置、管网阀门泄漏、节水型便器和节水龙头普及状况等4项内容的综合评分。

（9）再生水利用率：再生水重复利用量占总生活污水产生量的比例，再生水是生活污水经净化处理后达到国家和地方标准的非饮用水。

（10）生活垃圾资源回收率：根据《城市生活垃圾分类及其评价标准》（CJJ/T 102—2004）中的定义，已回收的可回收物的质量占生活垃圾排放总质量的比例。

（11）配套健康设施水平：对医疗卫生设施、体育健身设施、文化活动场所等5项内容的综合评分。

（12）服务区内部交通状况：对停车位、停车设施、停车场透水性铺装和绿化遮阳设施、服务区内车辆和行人道路分离等6项内容的综合评分。

（13）环保购物袋使用率：购物人员中经常使用环保购物袋的司乘人员人数占总人口数的比例。

（14）安全状况：服务区管理、治安、刑事案件发案率、工作制度、治安满意率、民警工作满意率等7项内容的综合评分。

（15）生态服务区建设满意度：司乘人员对居住条件、绿化、垃圾清运、管理、精神文化生活等5项内容的综合评分。

（16）司乘人员对服务区的归属感：社区居民对本社区有认同、喜爱和依恋，参与的心理感觉和行为的人数占总人数的比例。

（17）总得分提高率：以月、季或年为时间单位，计算生态社区评价总得分的提高率，以反映社区生态建设的动态发展水平。

（18）关键指标得分提高率：关键指标是指在初次评价中得分靠后的“短板”指标，而且这些指标通过技术应用、管理、服务、公共宣传和司乘人员参与等手段可提高改善，以月、季或年为时间单位，计算关键指标得分的提高率，以反映服务区生态建设薄弱环节改善的力度。

### 9.4.2 评价体系目标层

评价体系目标层分为两级，一级指标层重在绿色设计概念，以《绿色建筑评价标准》（GB/T 50378—2006）为依据，能源消耗与节约、材料资源消耗与节约、生态系统与环境保护、建筑场地环境与建筑环境质量六个方面。二级指标层是对一级指标层进行具体指标设计形成的指标层。

### 9.4.3　评价指标体系框架

评价指标体系框架见表9-3。

表9-3　评价指标体系框架

| 指标项A | 指标因子项B | 分因子项 | 分指标项C |
| --- | --- | --- | --- |
| 自然与景观生态指标 | 在自然环境系统 | 空气质量状况 | 水、声、光、热 |
| | | 绿化环境系统 | 水、湿地、绿化面积、比例 |
| | | 生态环境与环境保护 | 土地资源 |
| | | | 生态环境保护 |
| | | | 垃圾管理 |
| | | | 人文环境保护 |
| | 人工环境系统 | 热环境与能源环境（能源消耗与节约） | 建筑节能 |
| | | | 供电与照明系统 |
| | | | 可再生能源 |
| | | | 建筑技术与设备 |
| | | 材料资源消耗与节约 | 旧建筑材料利用 |
| | | | 建筑材料本地化 |
| | | | 再生材料利用 |
| | | | 固体废弃物处理利用 |
| | | 水环境系统（水资源消耗与节约） | 废污水回收利用 |
| | | | 雨水合理利用 |
| | | | 景观和绿化用水 |
| | | | 技术设备和器具 |
| | | 建筑场地环境 | 场地热环境 |
| | | | 场地风环境 |
| | | | 场地绿化环境 |
| | | | 视觉景观 |
| | | | 防灾减灾 |
| | | | 场地排水 |
| | | | 场地照明 |
| | | | 场地利用率 |
| | | | 场地交通疏导 |
| | | 建筑室内环境质量 | 建筑室内声环境 |
| | | | 建筑室内热环境 |
| | | | 建筑室内光环境 |
| | | | 空气质量 |
| | | | 建筑基础设施 |
| | | 区位环境 | 配套设施、污染源 |
| | | 规划设计 | 绿化率、绿化植物、调节微气候的景观环境设计 |
| 技术生态指标 | 通讯信息技术 | | 数字电视、电话、宽带 |
| | 建造技术 | | |
| | 智能技术 | | |

续表

| 指标项 A | 指标因子项 B | 分因子项 | 分指标项 C |
|---|---|---|---|
| 社会人文环境生态指标 | 社会环境 | 安全 | 消防通道、设施、抗震、人防、治安 |
| | | 健康 | 设施 |
| | | 和谐交通 | 车位数量、比例、便利程度 |
| | | 废弃物管理和处置 | 垃圾分类、收集、处置情况 |
| | | 综合管理能力 | 办事效率和协调性 |
| | 文化环境 | | |
| 经济生态指标 | 建设成本 | | 对能源资源利用情况 |
| | 核心产业 | | 对周边经济的带动 |
| | 经济政策 | | 政府对服务区的倾斜及经济辐射情况 |
| 动态生态指标 | 总体的相容性 | | 各种设施的预留 |
| | 在城市演替中的贡献 | | |
| | 演替过程中生态手段的介入 | | |

### 9.4.4 高速公路绿色服务区评价指标量化

采用5分制，最低0分的标准，共分为四个等级，分别为0分，1分，3分，5分。随着技术的日新月异，对于影响服务区绿色水平的其他未提及的且效果明显的手段，可根据实际情况取中间数值。

### 9.4.5 绿色服务区评价等级

绿色服务区评价等级见表9-4。

**表9-4　绿色服务区评价等级**

| 评价得分 | 0 < s < 2 | 2 < s < 3 | 3 < s < 3.5 | 3.5 < s < 4 | 4 < s < 4.5 | 4.5 < s < 5 |
|---|---|---|---|---|---|---|
| 等级含义 | 较差 | 不合格 | 合格 | 良好 | 优良 | 优秀 |

### 9.4.6 环境特征值计算参数

（1）绿化率：建设用地范围内的绿地面积与建设用地面积之比。

（2）建筑密度：建设用地范围内所有建筑基底面积之和与建设用地面积之比。

（3）水体密度：建设用地范围内的水体面积与建设用地面积之比。

（4）透水地面密度：建设用地范围内的透水地面面积与建设用地面积之比。

（5）不透水地面密度：项目用地范围内所有不透水的硬化路面或地面（包括沥青、水泥、地面砖等路地面）面积之和与建设用地面积之比。

（6）环境特征值 = ［（建成后绿化率 − 建设前绿化率）+（建成后水体密度 − 建设前水体密度）+（建成后透水地面密度 − 建设前透水地面密度）−

（建成后建筑密度 - 建设前建筑密度）-（建成后不透水地面密度 - 建设前不透水地面密度）］×100%。

## 9.5　服务区景观绿化效益评价

景观绿化项目评价指标体系是描述、评价高速公路服务区景观绿化环境和谐、便利的可感知的参数集合，是评价景观绿化舒适、持续性的重要依据。

（1）景观绿化项目评价指标遵循原则

①全面性原则。所选指标尽可能覆盖高速公路服务区景观环境绿化的方方面面，以防遗漏；

②层次性原则。所选指标尽量反映不同层次服务区的景观绿化；

③针对性原则。所选指标要针对高速公路服务区景观绿化的特征，真实反映驾乘人员、景观设计人员及高速公路工作人员对服务区景观环境的需求，从而使得评价结果具有真实性、可靠性：

④可比性原则。尽量选择具有相对意义的指标，即评判优、良、中、差、劣。所选指标针对高速公路服务区景观绿化的特征，真实反映驾乘人员、景观设计人员及高速公路工作人员对服务区景观环境的需求，从而使得评价结果具有真实性、可靠性。

（2）服务区绿化质量评价指标体系基本框架

服务区环境绿化质量评价指标体系选择了绿化景观、绿化功能、环境设施和园林小品等 4 项一级准则作为评价类别，植物种类丰富度、养护管理、减尘滞尘、就餐购物环境、主入口标志等 47 项单项指标作为评价打分项目，见表 9-5。

**表 9-5　高速公路服务区环境绿化质量评价指标体系基本框架**

| 评价类别 | 评价项目（分值） |
|---|---|
| 绿化景观 | 植物规格、种植密度、种植形式、修剪造型、养护管理、<br>植物种类丰富度、乡土树种、观赏树种、抗污染树种、乔木数量、灌木数量、草花面积、草坪地被面积<br>常绿乔木量、落叶乔木量、常绿与落叶树种搭配<br>景观布局协调性、绿化分布均匀度、乔灌草结合程度、垂直绿化、水体绿化、停车区绿化、房建区绿化 |
| 绿化功能 | 制造氧气、减尘滞尘、降低噪声、吸收汽车尾气、降温增湿、组织交通 |
| 环境设施 | 无障碍设计、老幼设施、健身游憩设施、遮阴设施、灯光设施、就餐购物环境、背景音乐、卫生间设施、宣传栏、指示标记牌、花木挂牌、休息活动空间 |
| 园林小品 | 主入口标志、花架凉亭、坐椅、假山石、雕塑、自然河湖、人工水景 |

（3）评价方法与权重确定

公众反馈的信息是评价高速公路服务区绿化项目的最佳途径，采用问卷调查的形式对高速公路服务区绿化质量进行评价，调查对象为熟悉高速公路服务区绿化的相关人员，包括景观设计人员、植物配置人员、绿化养护管理人员、高速公路工作管理人员、普通乘客和驾驶员等；采取发放问卷进行现场打分和评阅照片、印象回顾等方式，结合询问高速公路绿化管理部门直接参与的形式；从高速公路的使用者、绿化设计者及管理者的角度，立足专业、兼顾大众、各有侧重地进行调查，全面、客观分析总结其意见和评判结果。

①基本步骤

首先，在调查表中请调查对象按照个人想法评判各单项指标在高速公路服务区绿化项目中的重要程度；采用 5 分制降序方式，即 5 为最重要，4 为重要，3 为较重要，2 为不重要，1 为最不重要；其次，再以各单项指标请其评判对高速公路服务区绿化现状的满意程度，亦采用 5 分制降序方式，即 5 为最满意，4 次之，依次类推，1 为最不满意，即优、良、中、差、劣五级；再次，建立样本 Visual Foxpro3.0 数据库，采用因子分析法对调查结果进行统计分析，剔除部分贡献率极小的指标，并对各项指标的统计特征进行分析。

②指标权重的确定与评价模型

各项指标权重确定用专家咨询法（Delphi 法），采用被调查者对单项指标重要程度评判方法来确定权重。

③调查样本统计与特征分析

通过对绿化质量调查分析及公众的满意程度比较，进一步提高服务区的整体景观建设。

（4）服务区环境绿化特征值参数

①生态经济效益估算

生态的经济效益评估方法通常可分为两类：替代市场技术和模拟市场技术。替代市场技术以“影子价格”（即等效替代物的价格）和消费者剩余来表达，包括费用支出法、市场价值法、机会成本法、旅行费用法和享乐价格法。其中市场价值法适合没有费用支出但有市场价格的生态经济效益评估。市场价值法包括：环境效益评价法，即先计算某种生态效益的定量值，再研究其“影子价格”，最后计算其总经济价值；环境损失评价法，用生态系统破坏造成的损失来估计经济价值。理论上，市场价值法比较合理，是目前应用最广泛的生态经济效益评价法。

服务区绿地日经济效益表见表 9-6。

表 9-6　服务区绿地日经济效益（元）

| | 吸收 $CO_2$ | 释放 $O_2$ | 滞尘 | 蒸腾吸热 | 合计 |
|---|---|---|---|---|---|
| 总绿量日经济效益 | | | | | |
| 每公顷绿地日经济效益 | | | | | |

②绿化投资成本参数

参照《工程造价管理苗木市场指导价》，并查询施工监理结算资料，绿地投资造价进行苗木成本核算，其绿地苗木投资造价成本见表9-7。

表 9-7　植物数量与造价成本

| 植物类型 | 常绿乔木 | 落叶乔木 | 灌木类 | 花竹类 | 草坪地被类 | 总计 |
|---|---|---|---|---|---|---|
| 数量（株或米） | | | | | | |
| 绿量（$m^2$） | | | | | | |
| 成本造价（元） | | | | | | |

③投资成本与生态经济效益

生态效益与植物绿量成正比例关系，产生的生态效益越大则对应的经济价值越高，即植物群落发挥其生态效益不仅维持自身生态系统的平衡，而且给人类提供了良好的生存环境。

不同植物类型，其单位绿量产生的生态效益值各不相同，单从植株数量上无法说明其投资成本与所产生的生态经济效益的关系，需考虑植物种类、规格数量、种植形式等综合因素。另外，树种的选择、绿地的形式和面积等，都会影响到绿地群落结构，从而影响其生态效益的发挥。有效合理地进行群落配置，不仅增加叶面积系数而且提高了单位"生态绿地"的生态效益，并相对减少了占地面积。因此，应遵循自然规律，在了解当地植被类型和自然群落的基础上，以乡土植物为主来设计群落层次和结构；同时进行植物引种驯化与繁殖研究，以弥补苗源的匮乏、树种的单一，提高群落植物多样性。要重视植物群落的乔灌草结合，常绿与落叶搭配，尽量发挥常绿乔木在绿地中的主导作用，利用其栽植成本较低，而绿量大，能产生较明显的生态效益的特点；合理应用耐阴地被植物和宿根花卉，在有限范围内根据配置需要铺植草坪，调整群落结构，以降低投资造价，减少后期养护耗费，在节约投资成本的同时，使绿地产生较好的生态经济价值。

## 9.6　服务区环境景观评价

### 9.6.1　服务区景观效果评价

服务区景观效果评价包括安全性、生态性、可识别性、可观赏性、舒适性和便利性等评价。安全性指汽车、行人安全使用服务区，各种景观设施如交通标志牌、广告牌、街灯、卫生箱、绿化等都不能对司乘人员构成视觉上和交通上的阻碍。生态性指服务区环境的空气污染、交通噪声需要有足够的防治景观，不仅仅由硬质景观构成，未来景观更多的由绿化为主的软质景观构成。可识别性指服务区空间易于识别，形象突出，个性鲜明，交通标志系统明确。可观赏性指景观符合人的审美要求，具备可供欣赏的特性。舒适性指满足人的生理要求，让使用服务区景观的人有一个舒适的心境。便利性指环境中配备各种服务设施，方便人们使用，体现对人的关怀，考虑人的行为特点，给人提供最大的便利。

### 9.6.2 服务区环境分析评价

服务区环境分析评价包括地形影响、生态环境影响、绿地影响、公路格局和空间布局影响。

服务区建设对客观的物理环境（地形、地貌、光照、排水、动植物等）产生不同程度的影响，因此，环境评价包括对景观环境的影响。评价应以自然和生态原则为依据，将服务区本身及沿线一定范围内的自然生态综合体作为特定结构功能和动态特征的宏观系统来研究，而不是停留在追求景观空间效果和对景观意义的一般理解。

地形地貌影响。地形特征为服务区景观带来个性，地形影响指服务区总体布局，从行车要求、通风要求、视觉形象、生态环境等方面，都应与地形有机结合。生态环境影响指对机动车产生的废气、噪声、光污染采取措施予以防治、缓解与解除。城市绿地影响指合理的布局和绿化的有效性之间影响服务区系统的合理性。服务区格局和空间布局影响指服务区行进路线在不同视点和视线方向可能看到的景物、建筑物和各种景观呈现不同的形象。好的布局、清晰的布局可使人们感情上产生安定感，有助人们对服务区的感情和环境的认识，使人们在复杂的事物关系中得到一种美的享受。

### 9.6.3 服务区环境景观的功能分析评价

服务区环境景观的功能分析评价包括物流改善度、空间形态围合度评价。物流改善度指除了服务区选址外，服务区各个构成要素对服务区物流的改善具有重要作用，如功能设施设置、各功能区域规划、标识系统等。空间形态围合度指各空间序列或开敞或封闭，给人以强烈的感受。服务区景观的连续性和方向性指通过区域、节点、通道、边界和标志，形成序列空间，远景除了包括明确的起点和终点外，还包括将一些有名的目标形成明显的方向感以及绿化形式、景观特性和视觉特性的协调性

### 9.6.4 绿化功能评价

绿化功能评价包括遮蔽种植、隔音种植、防眩种植评价等。遮蔽种植只对不

良景观进行遮蔽，对好的景观加以利用。隔音种植指通过种植植物，衰减噪声，隔音栽植最好是常绿高树，枝干下部要低，高低树搭配。防眩种植：汽车反光镜、建筑物玻璃所产生的眩光对驾驶员安全行驶构成威胁，需要对此加以防治。

#### 9.6.5　景观美学评价

包括建筑环境协调性评价、轮廓线评价、铺砌美学评价、绿化视觉效果评价、小品评价等。轮廓线评价指远景景观，是整个服务区体型的视觉形象，远景和轮廓线在夜晚的灯光下和黎明黄昏的朦胧阳光下均有无穷的魅力。铺砌美学评价指不仅对路面材料、结构、形式加以选择，提供有一定强度、耐磨、防滑的路面，而且考虑地面的色彩、质感与情感的联系，对人心理的影响。绿化视觉效果评价指强化服务区景观特性、地方特色，与其他景观元素相协调，并有足够的空间。

# 附　　录

国家有关服务区环境设计建设中的有关规定和建设标准以及相关的法律、法规和标准。


[1]《中华人民共和国城市规划法》

[2]《中华人民共和国建筑法》

[3]《中华人民共和国环境保护法》

[4]《中华人民共和国土地法》

[5]《公共建筑节能设计标准》(GB 50189—2005)[S]

[6]《民用建筑热工设计规范》(GB 50176—1993)[S]

[7]《民用建筑节能设计标准》(JGJ 26—1995)[S]

[8]《公园设计规范》(CJJ 48—1992)[S]

[9]《建筑设计防火规范》(GB 50016—2006)[S]

[10]《消防安全标志设置要求》(GB 15630—1995)[S]

[11]《建筑内部装修设计防火规范》(GB 50222—1995)[S]

[12]《环境空气质量标准》(GB 3095—1996)[S]

[13]《城市公共厕所规划和设计标准》(CJJ 14—2005)[S]

[14]《宿舍建筑设计规范》(JGJ 36—2005)[S]

[15]《办公建筑设计规范》(JGJ 67—2006)[S]

[16]《旅馆建筑设计规范》(JGJ 62—1990)[S]

[17]《商店建筑设计规范》(JGJ 48—1988)[S]

[18]《饮食建筑设计规范》(JGJ 64—1989)[S]

[19]《老年人建筑设计规范》(JGJ 122—1999)[S]

[20]《无障碍设计规范》(GB 50763—2012)[S]

[21]《城市道路绿化规划与设计规范》(CJJ 75—1997)[S]

[22]《建筑采光设计标准》(GB 50033—2013)[S]

[23]《民用建筑隔声设计规范》(GB 50118—2010)[S]

[24]《建筑照明设计标准》(GB 50034—2004)[S]

[25]《建筑给水排水设计规范》(GB 50015—2003)(2009 年版)[S]

[26]《综合布线系统工程设计规范》(GB 50311—2007)[S]

[27]《小型石油库及汽车加油站设计规范》(GB 50156—1992)[S]

［28］《石油库设计规范》(GB 50074—2012)［S］
［29］《建筑外窗气密、水密、抗风压性能分级及检测方法》(GB/T 7016—2008)［S］
［30］《建筑幕墙气密、水密、抗风压性能检测方法》(GB/T 15227—2007)［S］
［31］《建筑幕墙抗震性能振动台试验方法》(GB/T 18575—2001)［S］
［32］《建筑幕墙平面内变形性能检测方法》(GB/T 18250—2000)［S］
［33］《城市生活垃圾分类及其评价标准》(CJJ/T 102—2004)［S］

# 主要参考文献


[1] 宋新力. 法国高速公路服务区的设计特点及国内服务区建设建议[J]. 交通科技，2009，5.

[2] 崔洪军，刘孔杰. 国外服务区建设及研究现状[J]. 交通世界，2008.

[3] 王英姿，关鸣. 高速公路服务区建筑与景观设计新理念研究[J]. 中外公路，2009.

[4] 沈雪香. 环保景观前置理念在随岳中高速公路服务区的实践[J]. 交通科技，2009.

[5] 刘东，段晨，信红喜. 我国高速公路服务区现状和未来发展建议[J]. 交通标准化，2008.

[6] 李小波. 节能型高速公路服务区的建设研究[J]. 黑龙江交通科技，2011. 6.

[7] 严冰，邱玫. 浅谈庭院布局的高速公路服务区建筑设计[J]. 公路，2010. 9.

[8] 朱智勇. 江苏省高速公路建设与建筑节能设计研究[J]. 建筑节能，2009. 2

[9] 楚连义. 高速公路服务区规划及建筑设计研究——以河北省高速公路服务区为例[D]. 天津大学硕士学位论文，2009. 2.

[10] 陈鹏. 高速公路服务区及收费站建筑节能研究——针对夏热冬冷地区[D]. 中南大学硕士学位论文，2006. 11.

[11] 陈元瑗，孙家坡. 生态节能建筑高速服务区应用[J]. 建设科技，2008.

[12] 马晓敏. 公路服务区设计浅探[D]. 天津大学硕士学位论文，2009. 5.

[13] 吴正传. 论高速公路附属区交通工程设计[C]. P449-P451.

[14] 李祝龙. 山区高速公路环境保护和景观设计关键技术[C]. 第十一届中国科协年会水环境保护设计，2009.

[15] 胡晶莉，蒋陈姗. 高速公路服务区消防给排水工程设计简述[J]. 安徽建筑，2009，4：129-130.

[16] 高浩伟，王德民. 天目湖服务区中水回用系统简介[J]. 公路，2005. 3.

[17] 郭跃东，高速公路服务区适应性评价与综合规划布局研究[D]. 长安大学博士学位论文，2007. 6.

[18] 邓瑞雪. 基于生态足迹法的高速公路生态环境影响评价[D]. 西南交通大学硕士学位论文，2008. 5.

[19] 刘相富. 迈向低碳建筑的探讨[J]. 科技向导，2010. 5.

[20] 肖晓丽. Phil Jones. 欧洲低碳建筑设计[J]. 建筑技艺，2009，12：104-109.

[21] 杨乐. 低碳建筑智能解决方案探析[J]. 现代商贸工业，2010. 22(17).

[22] 刘军明，陈易. 崇明东滩农业园低碳建筑评价体系初探[J]. 住宅科技，2010，9：9-12.

[23] 顾倩. 低碳理念的生态社区规划研究[D]. 浙江大学建筑工程学院硕士学位论文，

2009. 8.

［24］ 李黎明. 扬州生态住区示范工程——海德公园人居小区［J］. 复合生态与循环经济，2003：136-144.

［25］ 王一平，天津市首座超低能耗示范楼系统分析［C］. 2006：680-684.

［26］ 陈东. 福州大学建筑节能示范公寓节能技术体系［C］. 第三届海峡两岸土木建筑学术，2007.

［27］ 张改景，龙惟定. 区域建筑能源规划中资源潜力分析方法［J］. 西安建筑科技大学学报（自然科学版），2010，42（5）.

［28］ 王诚. 高速公路绿色服务区评价体系研究——陕西省高速公路服务区为例［D］. 长安大学硕士论文，2011.

［29］ 龙惟定. 建筑节能管理的重要环节——区域建筑能源规划［J］. 暖通空调，2008，38（3）.

［30］ 张宏宇，唐志伟. 新型供热制冷空调系统——地源热泵［C］. 首届国际智能与绿色建筑技术研讨会，2005. 3.

［31］ 徐生恒. 绿色可再生能源——浅层地能（热）资源的开发与利用［C］. 智能与绿色建筑文集，P240-P245.

［32］ 翟晓强，王如竹. 太阳能强化自然通风理论分析及其在生态建筑中的应用［C］. 中国工程热物理学会工程热力学与能源利用 2003 年学术会议.

［33］ 赵奇志，欧建聪. 风光互补供电照明系统在郑州至石人山高速公路中的应用尝试［C］. 第十届中国高速公路信息化管理及技术研讨会，2008.

文中图片除特殊注明外均来源于互联网